总主编 伍 江 副总主编 雷星晖

胡佳俊 王 磊 著

非光合微生物菌群固定CO_2过程的调控与优化

Process Controlling and Optimization of CO_2 Fixation by Non-photosynthetic Microbial Communities

内 容 提 要

本书提出一种不用供氢的非光合微生物固碳技术，开发了有效促进非光合微生物固碳效率的混合电子供体系统，阐明了有机碳对非光合微生物固碳过程的抑制效应及其机理，为缓解 CO_2 过量排放导致全球气候变暖提供一种可选择的解决方案。

本书可供环境工程教学科研人员及从事相关工作的人员参考。

图书在版编目(CIP)数据

非光合微生物菌群固定 CO_2 过程的调控与优化 / 胡佳俊，王磊著. —上海：同济大学出版社，2017.8

(同济博士论丛 / 伍江总主编)

ISBN 978-7-5608-6926-1

Ⅰ.①非… Ⅱ.①胡…②王… Ⅲ.①非光合微生物—细菌群体—研究 Ⅳ.①Q939

中国版本图书馆 CIP 数据核字(2017)第 090161 号

非光合微生物菌群固定 CO_2 过程的调控与优化

胡佳俊 王 磊 著

出 品 人 华春荣 责任编辑 葛永霞 胡晗欣

责任校对 徐春莲 封面设计 陈益平

出版发行 同济大学出版社 www.tongjipress.com.cn

(地址：上海市四平路 1239 号 邮编：200092 电话：021-65985622)

经 销 全国各地新华书店

排版制作 南京展望文化发展有限公司

印 刷 浙江广育爱多印务有限公司

开 本 787 mm×1092 mm 1/16

印 张 12.25

字 数 245 000

版 次 2017 年 8 月第 1 版 2017 年 8 月第 1 次印刷

书 号 ISBN 978-7-5608-6926-1

定 价 60.00 元

“同济博士论丛”编写领导小组

"同济博士论丛"编辑委员会

总 序

在同济大学110周年华诞之际，喜闻“同济博士论丛”将正式出版发行，倍感欣慰。记得在100周年校庆时，我曾以《百年同济，大学对社会的承诺》为题作了演讲，如今看到付梓的“同济博士论丛”，我想这就是大学对社会承诺的一种体现。这110部学术著作不仅包含了同济大学近10年100多位优秀博士研究生的学术科研成果，也展现了同济大学围绕国家战略开展学科建设、发展自我特色，向建设世界一流大学的目标迈出的坚实步伐。

坐落于东海之滨的同济大学，历经110年历史风云，承古续今、汇聚东西，秉持“与祖国同行、以科教济世”的理念，发扬自强不息、追求卓越的精神，在复兴中华的征程中同舟共济、砥砺前行，谱写了一幅幅辉煌壮美的篇章。创校至今，同济大学培养了数十万工作在祖国各条战线上的人才，包括人们常提到的贝时璋、李国豪、裘法祖、吴孟超等一批著名教授。正是这些专家学者培养了一代又一代的博士研究生，薪火相传，将同济大学的科学研究和学科建设一步步推向高峰。

大学有其社会责任，她的社会责任就是融入国家的创新体系之中，成为国家创新战略的实践者。党的十八大以来，以习近平同志为核心的党中央高度重视科技创新，对实施创新驱动发展战略作出一系列重大决策部署。党的十八届五中全会把创新发展作为五大发展理念之首，强调创新是引领发展的第一动力，要求充分发挥科技创新在全面创新中的引领作用。要把创新驱动发展作为国家的优先战略，以科技创新为核心带动全面创新，以体制机制改革激发创新活力，以高效率的创新体系支撑高水平的创新型国家建设。作为人才培养和科技创新的重要平台，大学是国家创新体系的重要组成部分。同济大学理当围绕国家战略目标的实现，作出更大的贡献。

大学的根本任务是培养人才，同济大学走出了一条特色鲜明的道路。无论是本科教育、研究生教育，还是这些年摸索总结出的导师制、人才培养特区，"卓越人才培养"的做法取得了很好的成绩。聚焦创新驱动转型发展战略，同济大学推进科研管理体系改革和重大科研基地平台建设。以贯穿人才培养全过程的一流创新创业教育助力创新驱动发展战略，实现创新创业教育的全覆盖，培养具有一流创新力、组织力和行动力的卓越人才。"同济博士论丛"的出版不仅是对同济大学人才培养成果的集中展示，更将进一步推动同济大学围绕国家战略开展学科建设、发展自我特色、明确大学定位、培养创新人才。

面对新形势、新任务、新挑战，我们必须增强忧患意识，扎根中国大地，朝着建设世界一流大学的目标，深化改革，勠力前行！

万　钢

2017年5月

论丛前言

承古续今，汇聚东西，百年同济秉持“与祖国同行、以科教济世”的理念，注重人才培养、科学研究、社会服务、文化传承创新和国际合作交流，自强不息，追求卓越。特别是近20年来，同济大学坚持把论文写在祖国的大地上，各学科都培养了一大批博士优秀人才，发表了数以千计的学术研究论文。这些论文不但反映了同济大学培养人才能力和学术研究的水平，而且也促进了学科的发展和国家的建设。多年来，我一直希望能有机会将我们同济大学的优秀博士论文集中整理，分类出版，让更多的读者获得分享。值此同济大学110周年校庆之际，在学校的支持下，“同济博士论丛”得以顺利出版。

“同济博士论丛”的出版组织工作启动于2016年9月，计划在同济大学110周年校庆之际出版110部同济大学的优秀博士论文。我们在数千篇博士论文中，聚焦于2005—2016年十多年间的优秀博士学位论文430余篇，经各院系征询，导师和博士积极响应并同意，遴选出近170篇，涵盖了同济的大部分学科：土木工程、城乡规划学(含建筑、风景园林)、海洋科学、交通运输工程、车辆工程、环境科学与工程、数学、材料工程、测绘科学与工程、机械工程、计算机科学与技术、医学、工程管理、哲学等。作为“同济博士论丛”出版工程的开端，在校庆之际首批集中出版110余部，其余也将陆续出版。

博士学位论文是反映博士研究生培养质量的重要方面。同济大学一直将立德树人作为根本任务，把培养高素质人才摆在首位，认真探索全面提高博士研究生质量的有效途径和机制。因此，“同济博士论丛”的出版集中展示同济大学博士研究生培养与科研成果，体现对同济大学学术文化的传承。

“同济博士论丛”作为重要的科研文献资源，系统、全面、具体地反映了同济大学各学科专业前沿领域的科研成果和发展状况。它的出版是扩大传播同济科研成果和学术影响力的重要途径。博士论文的研究对象中不少是“国家自然科学基金”等科研基金资助的项目，具有明确的创新性和学术性，具有极高的学术价值，对我国的经济、文化、社会发展具有一定的理论和实践指导意义。

“同济博士论丛”的出版，将会调动同济广大科研人员的积极性，促进多学科学术交流、加速人才的发掘和人才的成长，有助于提高同济在国内外的竞争力，为实现同济大学扎根中国大地，建设世界一流大学的目标愿景做好基础性工作。

虽然同济已经发展成为一所特色鲜明、具有国际影响力的综合性、研究型大学，但与世界一流大学之间仍然存在着一定差距。“同济博士论丛”所反映的学术水平需要不断提高，同时在很短的时间内编辑出版 110 余部著作，必然存在一些不足之处，恳请广大学者，特别是有关专家提出批评，为提高同济人才培养质量和同济的学科建设提供宝贵意见。

最后感谢研究生院、出版社以及各院系的协作与支持。希望“同济博士论丛”能持续出版，并借助新媒体以电子书、知识库等多种方式呈现，以期成为展现同济学术成果、服务社会的一个可持续的出版品牌。为继续扎根中国大地，培育卓越英才，建设世界一流大学服务。

伍　江

2017 年 5 月

前言

CO_2过量排放而引起的全球变暖是目前全球面临的重大能源与环境问题。生物法固定CO_2具有低能耗、无污染以及通过CO_2转化为有机物实现对CO_2的资源化等优点，引起了研究人员的广泛关注。目前，很多研究利用藻类或氢氧化细菌固定CO_2，但是藻类培养中需要光照，故培养面积较大，且不耐高浓度CO_2；氢氧化细菌培养中需要提供高浓度H_2，存在严重安全隐患，上述缺陷限制了这两种方法的实际应用。因此，探索无需光照与供氢的高效固碳微生物对于更广泛环境条件下的微生物固碳（如土壤环境或吸收工业排放CO_2的大型生物反应器中）具有重要意义。

无需供氢的非光合微生物的缺点是固碳效率较低。本文以从海洋中获得的非光合固碳微生物菌群为研究对象，从电子供体与能量供应等自养微生物固碳效率的主要限制因素等方面开展研究，以期获得与非光合固碳微生物高效匹配的电子供体系统，大幅度提高非光合微生物的固碳效率。并在此基础上进一步研究了有机质对非光合微生物固碳过程的抑制效应与可能的调控措施，以期为实现非光合固碳微生物在土壤等含有机质环境中的有效固碳提供理论依据。研究结果表明，$NaNO_2$，

$Na_2S_2O_3$和Na_2S作为电子供体用于培养非光合微生物，可有效提高其固定CO_2效果。好氧和厌氧条件下各电子供体的最佳效应浓度范围分别为0.25%～0.75% $NaNO_2$，0.50%～1.00% $Na_2S_2O_3$，0.75%～1.25% Na_2S；0.55%～1.05% $NaNO_2$，0.60%～1.10% $Na_2S_2O_3$，0.75%～1.25% Na_2S。此外，研究发现同一菌群在使用不同电子供体培养后，微生物群落结构发生了显著的变化。部分菌种对不同电子供体有特异性响应，部分菌种则在所有电子供体系统中均普遍存在。对不同电子供体具有特异响应的菌种可能具有特殊的能量代谢途径，而在所有电子供体系统中普遍存在的菌种可能具有较高效合成代谢途径。这两类微生物共生生长，可能有利于CO_2的同化。

由上述三种电子供体组成的混合电子供体，在好氧和厌氧条件下各电子供体间会产生交互作用。电子供体总浓度较低和较高时电子供体间的交互作用种类基本相同，但是作用效应相差较大，总浓度较高时作用更强。好氧条件下，$Na_2S_2O_3$和Na_2S，$Na_2S_2O_3$和$NaNO_2$间存在交互作用，而厌氧条件下，$Na_2S_2O_3$和$NaNO_2$，$NaNO_2$和Na_2S，$Na_2S_2O_3$和Na_2S以及3个电子供体间存在着交互作用。好氧及厌氧条件下的交互作用都有利于提高微生物的固碳效率。基于各电子供体及其交互作用，通过响应面法优化混合电子供体的结构与配比，好氧条件下最优电子供体组成为0.46% $NaNO_2$，0.50% $Na_2S_2O_3$和1.25% Na_2S；厌氧条件下最优电子供体组成为1.04% $NaNO_2$，1.07% $Na_2S_2O_3$和0.98% Na_2S。在最优电子供体系统作用下，微生物固定CO_2效率在好氧或厌氧条件下分别提高到了387.51 mg CO_2/L和512.57 mg CO_2/L，而在无混合电子供体条件下分别为5.94 mg CO_2/L和7.14 mg CO_2/L。

在好氧或厌氧条件下将该最佳混合电子供体直接作用于来自全球4大洋10多个海域的海水样品。经混合电子供体培养后，好氧和厌氧条件下的各海水样品中的非光合微生物固碳效率分别是以H_2为电子供体的376%和385%。该结果表明混合电子供体对于来自不同海域的非光合微生物固碳过程具有普遍增效作用。另外，在好氧和厌氧条件下，样品首先使用H_2培养再用混合电子供体替代后，固碳效果分别是继续使用H_2培养的244%和421%。这一结果表明构建的混合电子供体除了具有普遍的增效作用外，还具有显著的替代效应。

混合电子供体各组分的浓度和形态在微生物作用下均发生显著变化。好氧条件下NO_2^-和$S_2O_3^{2-}$分别消耗了15.96 mmol/L和1.81 mmol/L；厌氧条件下NO_2^-和$S_2O_3^{2-}$分别消耗了9.37 mmol/L和6.06 mmol/L。两种条件下，S^{2-}都完全被消耗，但微生物只利用了其中的一部分，其余大部分S^{2-}都发生了自发氧化或其他化学变化。这个现象有悖于各电子供体正常的氧化还原反应过程，表明非光合微生物菌群在利用混合电子供体时可能存在一种特殊作用——梯级能效。其过程为以$S_2O_3^{2-}$或NO_2^-作为中间传递单位(作为电子供体或受体)获得从S^{2-}释放的电子用于固定CO_2。该过程使非光合微生物菌群中非硫细菌可以利用S^{2-}的优质还原力(电子)而提高混合菌群对混合电子供体能量的利用率，促进微生物菌群的固碳效率。当微生物初始接种量较低时，混合电子供体无法被充分利用，导致其关键成分S^{2-}产生大量的自发氧化，$S_2O_3^{2-}$及NO^{2-}在微生物固定CO_2过程中只被消耗很少量，整个混合电子供体存在着较大的潜在能量供应。XRD检测进一步发现，在好氧条件下，混合电子供体加入培养基且不接种微生物时，经过96 h反应后，S^{2-}会自发氧化生成大量的S^0。而激光粒度仪的检测结果显示，S^{2-}自发氧化生成的S^0形成了具有较大粒径的颗粒物质，微生物的加入有利于减少该颗粒物质。而且微生物浓度越高，大颗粒物质减少越明显。这进一步证明较高浓度的微生物可以更快速有效地利用S^{2-}。基于混合电子供体的替代效应和梯级能效设计了微生物高浓度接种验证实验，结果表明在较高微生物接种量情况下，微生物最高固碳量(总有机碳)达到268.73 mg/L。16S rDNA测序结果表明，整个微生物菌群由自养和异养微生物构成，且进化距离较远，这间接证明了微生物菌群间的共生作用导致了梯级能效的存在。

有机物对非光合微生物固碳具有显著影响，加入不同浓度的葡萄糖均会降低非光合微生物固定CO_2的效率，但是ATP或NADH的加入没有抑制非光合微生物固定CO_2，甚至在某些浓度下具有促进作用，ATP和NADH的最佳促进效果均可达约50%。该结果表明，只有可作为良好有机碳源的物质，如葡萄糖才会抑制非光合微生物菌群的自养代谢。有机物对微生物自养代谢的影响较为复杂，主要是因为在异养代谢过程中葡萄糖等有机物可能会生成多种有机代谢产物，如氨基酸和有机酸等可能对微生物自养代谢产生抑制，而ATP和NADH则对微生物自养代谢有促进作用。有机物对微生物自养代谢的影响实际上是上述两种效果的综合作用。因此，增加环境中无机碳源的浓度有助于减少有机物对非光合微生物固碳的抑制效应。此外，以低浓度有机物预培养非光合固碳微生物也有助于减少在后续培养过程中有机物的影响。

本文为CO_2的资源化提供了一个新的低能耗、高效率、可持续的技术路径，且为阐明非光合微生物固定CO_2过程中混合电子供体的增效机制及有机物对微生物自养代谢的抑制机制提供了理论基础。为最终缓解CO_2过量排放导致的全球气候变暖提供了一种可选择的解决方案。

目 录

第1章 绪论

目前，由于CO_2过量排放引发的全球变暖给全球带来了一系列重大的生态与环境问题。在2009年的哥本哈根世界气候大会、2010年的坎昆联合国气候变化大会以及2011年的德班联合国气候大会上，世界各国都在为减少CO_2排放，保护地球环境做出各自的努力。但CO_2同时又是地球上最丰富的碳资源[1]，可以通过转化将其转变为巨大的可再生资源[2-6]。所以，CO_2的固定在环境、能源、资源方面都有着极其重要的意义。在考虑如何减少CO_2排放的前提下，研究CO_2的固定与资源化利用，既能有效减少环境中游离的CO_2，又能将其再生为资源，因此已引起了世界各国科研人员的广泛关注。

1.1 国内外文献综述

1.1.1 CO_2引起的全球性环境问题

温室效应，又称“花房效应”，是大气保温效应的俗称。大气能使太阳短波辐射到达地面，但地表向外放出的长波热辐射线却被大气中的温室气体吸收，这样就使地表与低层大气温度增高，因其作用类似于栽培农作物的温室，故名温室效应。《京都条约》中将二氧化碳（CO_2）、甲烷（CH_4）、氧化亚氮

(N_2O)、氢氟碳化物(HFCs)、全氟化碳(PFCs)、六氟化硫(SF_6)列为主要的温室气体。其中CO_2所造成的温室效应约占总效应的60%以上[7,8]，且在大气中存留期最长可达200年，在气候系统辐射强迫中占主导地位。

随着大气中CO_2浓度不断上升，温室效应日益严重，地球正在变暖，同时并伴随全球气候系统的其他要素的变化，具体如下：

(1) 温度普遍升高

根据全球地表温度的器测资料(自1850年以来)，最近12年(1995—2006年)中，有11年位列最暖的12个年份之中。最近100年(1906—2005年)的温度线性趋势为0.74℃，这一趋势大于《IPCC第三次评估报告》给出的0.6℃的相应趋势(1901—2000年)[9]。全球温度变化见图1-1。近

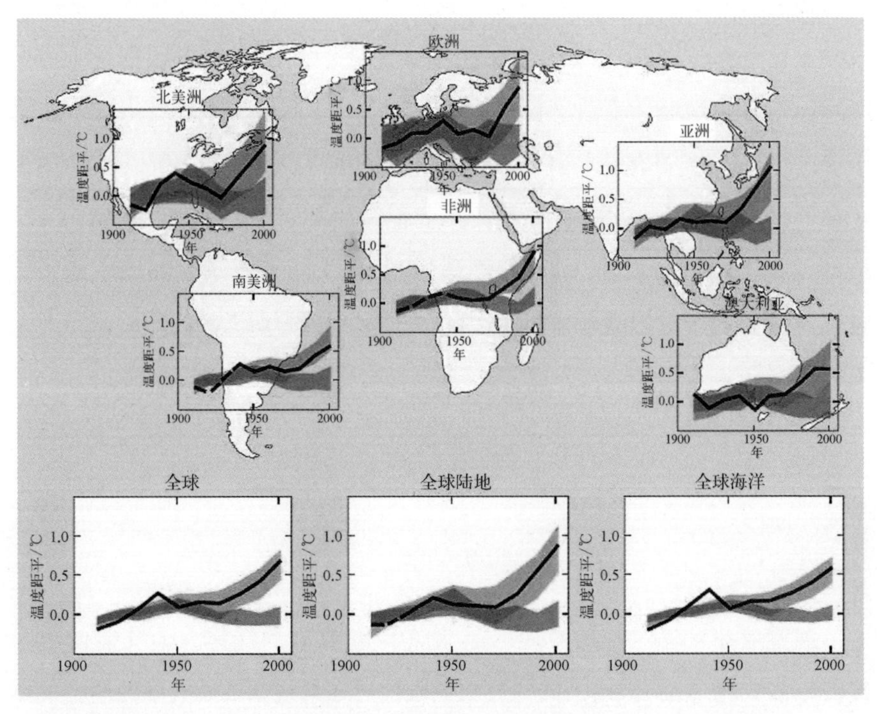

图1-1　全球和大陆温度变化[10]

50 年(1956—2005 年)的线性变暖趋势几乎是近 100 年(1906—2005 年)的两倍。在过去的 100 年中,北极温度升高的速率几乎是全球平均速率的两倍。陆地区域的变暖速率比海洋快。自 1961 年以来的观测表明,全球海洋平均温度升高已延伸到至少 3 000 m 的深度,海洋已经并且正在吸收气候系统增加热量的 80%以上。对探空和卫星观测资料所作的新分析表明,对流层中下层温度的升高速率与地表温度记录类似[10]。不少研究者认为,由于 CO_2 浓度升高而引起的全球温度升高可能很难逆转[11,12]。

(2) 海平面上升

由于 CO_2 浓度不断上升,造成全球变暖,海洋因为热膨胀而导致海平面上升[12]。另外,冰雪面积的不断减少也是导致海平面上升的重要原因[13-15]。海平面上升趋势与温度升高趋势相一致,见图 1-2。1961—2003 年,全球平均海平面已以每年 1.8 mm 的平均速率上升;1993—2003 年,全球平均海平面已以每年大约 3.1 mm 的速率上升。自 1993 年以来,海洋热膨胀对海平面上升的预估贡献率占所预计的各贡献率之和的 57%,而冰川和冰帽的贡献率则大约为 28%,其余的贡献率则归因于极地冰盖[10]。

(3) 冰雪面积减少

CO_2 浓度的不断升高还导致冰雪面积减少[16,17]。冰雪面积减少趋势也与变暖趋势一致,见图 1-2。1978 年以来的卫星资料显示,北极年平均海冰面积已经以每 10 年 2.7%的速率退缩,夏季的海冰退缩率较大,为每 10 年退缩 7.4%。在南北半球,山地冰川和积雪平均面积已呈退缩趋势。自 1900 年以来,北半球季节性冻土最大面积减少了大约 7%,春季冻土面积的减幅高达 15%。自 20 世纪 80 年代以来,北极多年冻土层上层温度普遍升高达 3℃[10]。

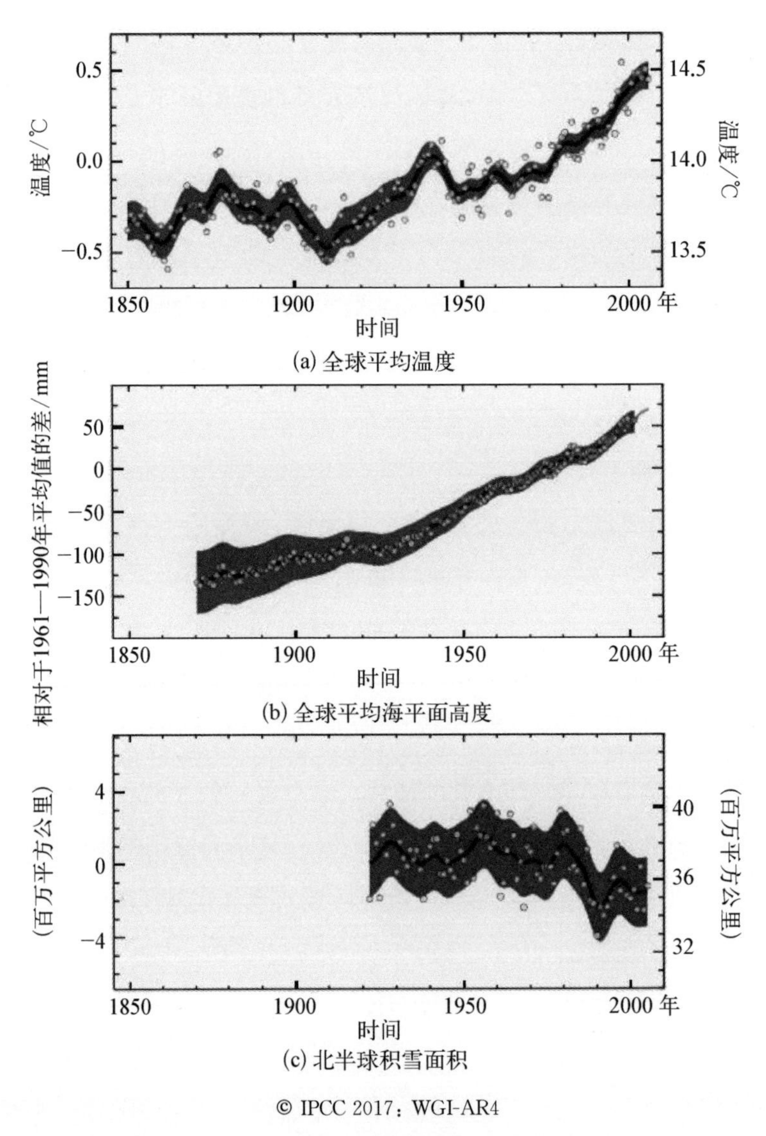

图 1-2　全球温度、海平面和北半球积雪变化[10]

(4) 降水量发生变化

全球变暖同样造成了全球降雨量的变化[18]。在地中海地区、非洲南部和北美洲西南部分地区已观测到有较为明显的长期降雨量减少[19-22]。自20世纪70年代以来，全球受干旱影响的面积可能已经扩大。

(5) 热带气旋活动增加

有观测证据表明，北大西洋的强热带气旋活动增加[23]，而且有迹象表明其他一些区域强热带气旋活动也在逐渐增加[24]。

这些现象导致了在过去50年中，某些天气极端事件的频率或强度已发生了变化：大部分陆地地区的冷昼、冷夜和霜冻的发生频率很可能减小，而热昼、热夜和热浪的发生频率已经增加；大部分陆地地区的热浪发生频率可能增加；大部分地区的强降水事件（或强降水占总降雨的比例）发生频率可能有所上升。并自从1975年以来，在全世界范围内的极端高海平面事件可能已增加。

这些温室气体过量排放导致的气候变化直接对全球环境和人类社会、经济活动带来较大影响[25-28]。主要包括以下几个方面：

(1) 生态系统

CO_2浓度上升给全球生态系统带来较大影响，对于生物圈中的碳循环也有重要影响[29]。许多生态系统的适应弹性可能在21世纪内被气候变化（如洪涝、干旱、海水酸化等）和其他全球变化驱动因子（如污染、资源过度开采等）作用的叠加所破坏。在21世纪内，陆地生态系统的碳净吸收在本世纪中叶之前可能达到高峰，随后减弱甚至出现逆转，进而对气候变化起到放大作用。如果全球平均温度增幅超过1.5℃～2.5℃，目前所评估的20%～30%的动植物物种可能面临较高的灭绝风险[10]。如果全球平均温度增幅超过1.5℃～2.5℃，并伴随着大气CO_2浓度增加，在生态系统结构和功能、物种的生态相互作用、物种的地理范围等方面，会出现重大变化，在生物多样性、生态系统的产品和服务（如水和粮食供应）方面将产生不利的后果[10]。

(2) 粮食

在中高纬地区，如果局地平均温度增加1℃～3℃，部分种类农作物的生产力会略有提高。而在某些区域，如果升温超过这一幅度，农作物生产力则会降低。在低纬地区，特别是季节性干燥的区域和热带区域，既使局地温度有小幅增加(1℃～2℃),农作物生产力也会降低,从而可能会引起饥荒。在全球范围内,随着局地平均温度升高1℃～3℃,粮食生产潜力可能会增加,但如果超过这一范围,粮食生产潜力可能会降低[10]。不过也有研究表明,因CO_2浓度上升而引起的作物产量上升可能要低于预期[30]。

(3) 海岸带

由于气候变化和海平面上升,海岸带预计会遭受更大风险,包括海岸带侵蚀[31]。这种影响将会因人类活动造成的海岸带地区环境压力而加剧。到21世纪80年代,由于海平面上升,将会有比目前多数百万的人口遭受洪涝之害。亚洲和非洲人口稠密的低洼大三角洲受影响的人口数量最多,而小岛屿则会更加脆弱。

(4) 工业、人居环境和社会

最脆弱的工业、人居环境和社会一般是那些位于海岸带和江河洪泛平原的地区、其经济与气候资源关系密切的地区以及那些极端天气事件易发地区,特别是那些快速城市化的地区。贫穷社区尤为脆弱,尤其是那些集中在高风险地区的贫穷社区[32]。

(5) 健康

有数百万人的健康状况将受到影响,其原因如下:营养不良的人口增加;因极端天气事件导致死亡、疾病和伤害增加;腹泻疾病增加;由于与气候变化相关的地面臭氧浓度增加,心肺疾病的发病率上升;以及某些传染病的空间分布发生改变等。气候变化可能将会在温带地区带来某些效益,如因寒冷所造成的死亡减少等。气候变化还会产生一些综合影响,如疟疾在非洲的传播范围和潜力的变化。总体上,这些效益预计将会被温度升高对健康带来的负面影响所抵消,特别是在发展中国家。更重要的是那些直接影响人类健康的因素,如教育、卫生保健、公共卫生计划和基础设施以及经济发展[33-35]。

(6) 水

水的影响成为所有行业和区域的关键因素。气候变化将加重目前人口增长、经济变革和土地使用变化(如城市化)对水资源造成的压力[36-37]。在区域尺度上,山地积雪、冰川和小冰帽对可用淡水起着关键作用。近几十年冰川物质普遍损失和积雪减少的速率将会在整个21世纪期间加快,从而减少可用水量,降低水力发电的潜力并改变依靠主要山脉(如兴都库什、喜马拉雅、安第斯)融水的地区河流的季节性流量,而这些地区居住着当今世界上1/6以上的人口。降水和温度的变化导致径流和可用水量发生变化。在较高纬度地区和某些潮湿的热带地区,包括人口密集的东亚和东南亚地区,预计到21世纪中叶径流将会增加10%~40%;而在某些中纬度和干燥的热带地区,由于降水减少而蒸腾率上升,径流将减少10%~30%[10]。此外,许多半干旱地区(如地中海流域、美国西部、非洲南部和巴西东北部)的水资源将由于气候变化而减少。预估受干旱影响的地区将有所增加,并有可能对许多行业(如农业、供水、能源生产和卫生)产生不利影响。从区域层面,由于气候变化,灌溉用水需求会出现大幅度增加。气候变化对淡水系统的不利影响超过其效益。某些地区年径流量增加所带来的有利影响可能会被因降水变率增加和季节径流变化对供水、水质和洪水风险造成的负面效应所抵消。现有的研究显示,未来许多区域的暴雨事件将显著增多,包括那些预估平均降雨量会下降的地区。由此增加的洪水风险将给社会、有形基础设施和水质带来挑战。到21世纪80年代,可能多达20%的世界人口将生活在江河洪水可能增多的地区。更频繁和更严重的洪水和干旱将对可持续发展产生不利影响。温度升高将进一步影响淡水湖泊和河流的物理、化学和生物学特性,并对许多淡水物种、群落成分和水质主要产生不利影响。在海岸带地区,由于地下水盐碱化加重,海平面上升将加剧水资源的紧缺[10]。

温室效应给全球带来深远影响,因此,关于减少CO_2排放及其资源化引起各国科学家、政府首脑和决策者的高度关注。但是另一方面,大气中CO_2浓度每年仍在增长。IPCC第四次评估报告指出,1970—2004年,CO_2

年排放量已经增加了大约80%，从210亿t增加到380亿t，在2004年已占到人为温室气体排放总量的77%[10]。图1-3显示了2008年全球各主要部门CO_2排放量占全球的比重，从中可以看到电力/供热、交通和工业部门占到了全球CO_2排放量的83%，其中主要原因源于能源消耗[38]。未来CO_2的排放量主要取决于未来全球能源的消耗[39]。国际能源署(IEA)发布的2010年度《世界能源展望》中指出，2008—2035年，全球与能源有关的CO_2排放量将会增长21%，从29.3 Gt增长到35.4 Gt(图1-4)[40]。目前，与能源有关的CO_2排放在中国是个重要问题。IEA在2007年的报告指出，自2001年来中国每年与能源有关的CO_2排放量增长迅猛(图1-5)[41]。从图1-6可见，2008年中国人均CO_2排放量略高于全球平均水平，但是预计到2035年会有大幅增长，从而远高于当年全球平均水平[40]。根据IEA在2011年的报告，预计2010—2035年，中国与能源有关的CO_2累计排放量会有大幅增加，远远高于1900—2009年的累计排放量(图1-7)[42]。因而，作为CO_2排放大国及自身可持续发展角度出发，中国在CO_2减排方面任务艰巨。

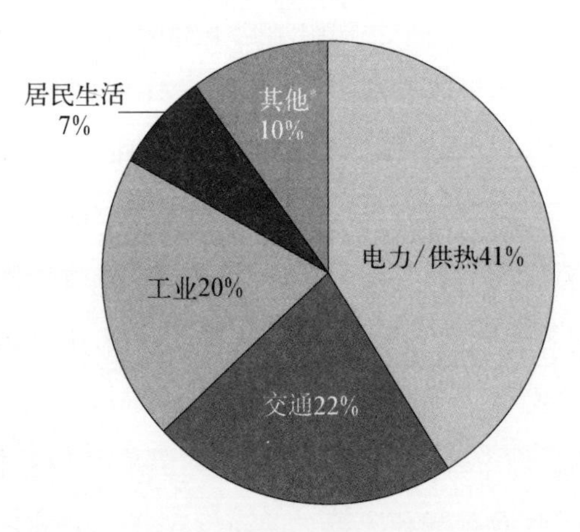

图1-3　2008年全球主要部门CO_2的排放[38]

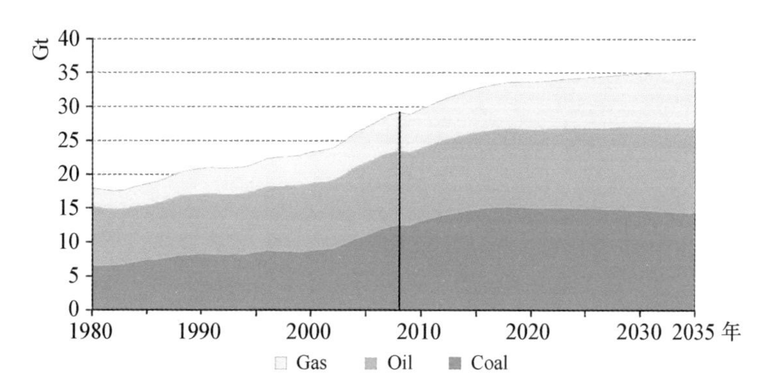

图 1-4 全球燃料与能源有关的 CO_2 排放量[40]

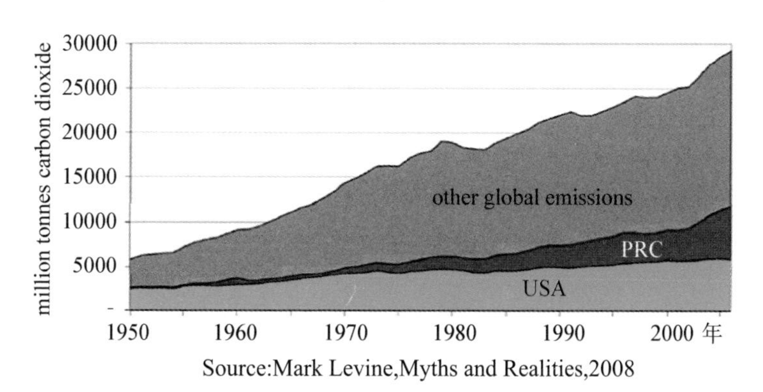

图 1-5 各地区与能源有关的 CO_2 年排放量[41]

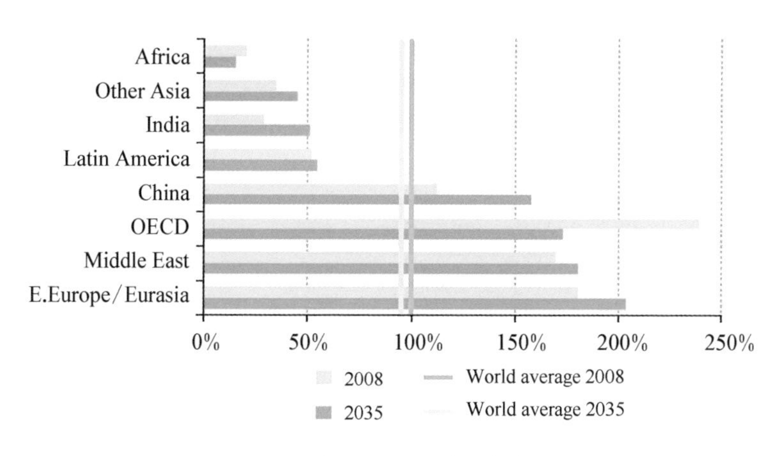

图 1-6 各地区以 2008 年全球平均水平为标准与能源有关的人均 CO_2 排放量[40]

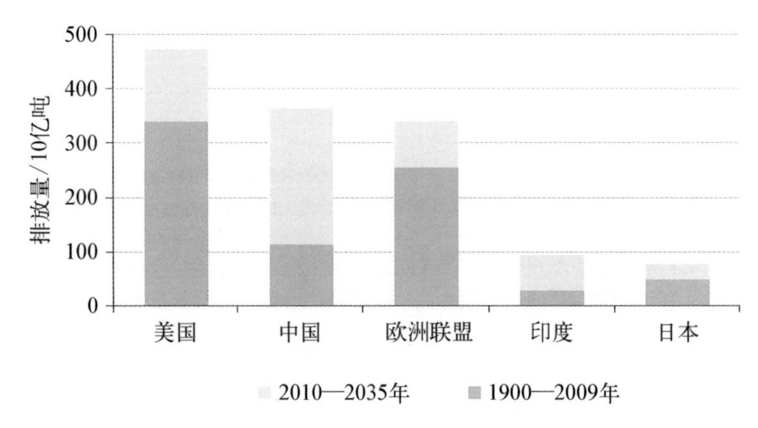

图 1-7 各地区与能源有关的 CO_2 累计排放量[42]

文献报道，1990 年大气中 CO_2 的浓度为 353 ppm[43]（1 ppm=10^{-6}），而 2011 年大气中 CO_2 的浓度为 390 ppm，上升了 37 ppm，CO_2 浓度增长势头令人担忧[44]。但另一方面，CO_2 又是地球上最丰富的碳资源，通过固定 CO_2 将其转化为有机物，不仅可以有效减少大气中 CO_2 的浓度，而且可将其转化为巨大的可再生资源。因此，CO_2 的固定在环境、能源、资源方面都有极其重要的意义。

1.1.2 国内外固碳技术研究现状

CO_2 的固定化是将 CO_2 气体转化为稳定的液态或固态形式，或者转化为其他物质。目前，国内外 CO_2 的固定方法主要有物理法、化学法和生物法三种。

1.1.2.1 物理法固定 CO_2

物理法固定 CO_2 主要是通过改变 CO_2 与吸收液之间的压力和温度，以达到吸收 CO_2 的目的。在正常的温压条件下，CO_2 以气态形式存在，但其存在形式随着温度和压力的变化而变化（图 1-8）[45,46]。低温下以固态形式存在，温度高于临界温度 31.1℃和压力高于临界压力 7.38 MPa 状态下，CO_2 处于超临界状态，此时 CO_2 仍然呈气态，但是随着密度的显著增加（图 1-9）[47]，

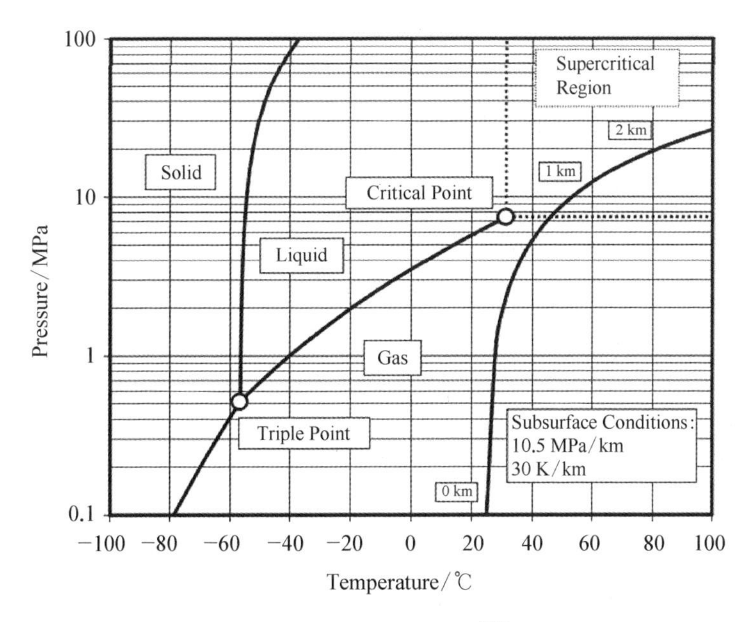

图 1-8 CO_2的相变图[46]

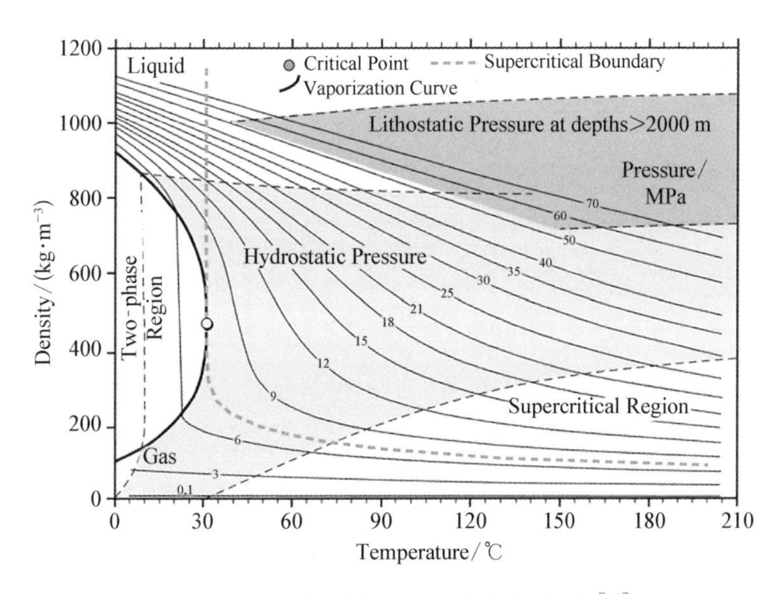

图 1-9 CO_2密度随温度和压力变化示意图[47]

它就会具有类似液态的性质，同时还具有气态的特性。CO_2 的这些特性是其可被捕获和封存的基础。

物理法固定 CO_2 中研究较多的是利用其物理特性的封存技术，即将大型排放源产生的 CO_2 捕获、压缩后运输到选定地点长期封存，而不是释放到大气环境中。目前主要的封存方式为地质封存以及海洋封存等[48-51]。地质封存主要是将 CO_2 以气态或超临界流态封存在具有低渗透压的密闭岩石下。目前，主要有 3 个工业级的 CO_2 地质封存项目在运行中，分别为挪威 Statoil 公司开发的 Sleipner 天然气有天 CO_2 封存项目(处理能力约 2 800 t/d)、加拿大的 Weyburn 项目(处理能力约 4 100 t/d)以及阿尔及利亚的 In Salah 项目(处理能力约 3 288 t/d)。海洋封存主要通过两种方式完成，一种是利用管道将 CO_2 输送至封存地点，并注入 1 000 m 以上深度的海洋中，另一种是将 CO_2 直接注入 3 000 m 以上深度的海洋，在海底 CO_2 以固态或液态形式封存。

1.1.2.2 化学法固定 CO_2

CO_2 的化学固定方法主要包括吸收法、矿石碳化以及化学合成法等。吸收法主要采用碱性溶液对 CO_2 进行溶解分离，然后通过脱析分解分离出 CO_2 气体同时对溶剂进行再生，典型的化学吸收溶剂主要是 K_2CO_3 水溶剂(再加少部分胺盐或钒、砷的氧化物)和乙醇胺类水溶液(如 MEA、DEA 和 MDEA 等)。矿石碳化是利用 CO_2 与金属氧化物发生反应生成稳定的碳酸盐从而将 CO_2 永久性地固化起来[52-53]。化学合成法主要是利用化学反应实现 CO_2 向其他化学物质的转化。目前，研究较多的是利用化学合成法固定 CO_2。Ahmadi 等利用[$Sn^{IV}(TPP)(ClO_4)_2$]作为化学固定 CO_2 的催化剂的研究结果显示，[$Sn^{IV}(TPP)(ClO_4)_2$]催化系统在 50℃ 及 11 h 的反应条件下，可实现 CO_2 和环氧衍生物向环状碳酸酯的高效转化，反应过程见图 1-10[54]。Jin 等研究了水热条件下不同金属和金属氧化物对还原 CO_2 的影响(图 1-11)，结果表明利用零价态金属氧化过程中可实现 CO_2 向甲酸的高效转化，甲酸产率可达 80%[55]。Pereira 等利用胍类化合物作为化学固定 CO_2 的催化剂，结果表明在温和条件下可实现 CO_2 的固定并合成喹唑啉-2,4(1H,3H)-二酮的转化[56]。

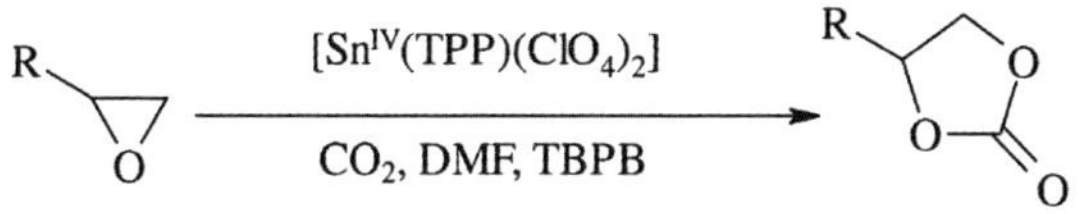

$[Sn^{IV}(TPP)(ClO_4)_2]$

CO_2, DMF, TBPB

图 1-10 $[Sn^{IV}(TPP)(ClO_4)_2]$ 催化环氧衍生物化学固定 CO_2[54]

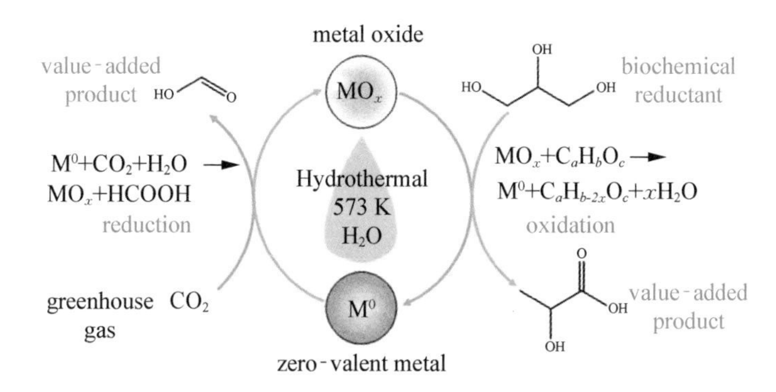

图 1-11 金属/金属氧化物的氧化还原反应转化 CO_2 为甲酸[55]

1.1.2.3 生物法固定 CO_2

生物法固定 CO_2 主要依靠植物和微生物的作用。光合作用是地球上最为普遍、规模最大的生物反应过程，在有机物合成、保持碳循环的稳定等方面起到了很大的作用。根据高等植物光合作用碳同化途径的不同，可将植物划分成为 C3 植物、C4 植物、C3-C4 中间植物和 CAM 植物[57,58]。但研究发现，高等植物的光合碳同化途径也可随着植物的器官、部位、生育期以及环境条件而发生变化。卡尔文循环具有合成淀粉等产物的能力，是所有植物光合碳同化的基本途径。微生物法固定 CO_2 主要是依靠微生物的自养代谢过程以 CO_2 作为碳源，其能量来源于光能或无机物氧化时释放的能量。有关微生物法的详细情况将在之后做详细介绍。

固定CO_2的方法中，大多数物理法和化学法最终都必须结合生物法来固定CO_2[59]。生物法固定CO_2主要是依靠植物和自养微生物[60]，其中，植物的光合作用较为重要也更为人所重视，但地球上存在各种各样的环境，尤其是在植物不能生长的特殊环境中，自养微生物固定CO_2的优势便显现出来了，因此从整个生物圈的物质流、能量流来看，微生物固定CO_2意义重大。

1.1.3 微生物固碳概述

1.1.3.1 固碳微生物种类

微生物固定CO_2有异养固定与自养固定两种方式。异养固定是通过异养微生物以有机化合物作为碳源和能源，在代谢过程中固定少量的CO_2。自养固定是通过自养微生物利用光能或无机物氧化时产生的化学能同化CO_2构成细胞物质。

这两种微生物固定CO_2的方式存在较大区别。异养固定CO_2是异养微生物把CO_2固定在接受体分子上，该受体不是由CO_2合成的，而自养固定CO_2是自养微生物把CO_2固定在接受体分子上，该受体是由CO_2合成的，且该过程是可循环的。所以自养微生物固定CO_2的能力是远超过异养微生物固定CO_2的能力的。

自养微生物通过生物氧化（包括氧化磷酸化、光合磷酸化和发酵）获取能量用于CO_2的固定并以此作为自身生长繁殖的碳源。它可以分为光能自养型微生物[61-63]和化能自养型微生物两类。光能自养型微生物主要包括藻类和光合微生物[64]，它们含有叶绿素（但不构成叶绿体）、类胡萝卜素及某些其他色素，能以光为能源，CO_2作为碳源合成菌体物质或代谢产物。化能自养型微生物以CO_2为碳源，通过氧化一些简单的无机物得到能源，这些无机物主要是一些还原性化合物，包括H_2，H_2S，S以及含$S_2O_3^{2-}$，NH_4^+，NO_2^-，Fe^{2+}的化合物等。自养微生物种类见表1-1[65]。

表1-1 自养微生物种类

碳 源	能 源	微 生 物
CO_2	光 能	藻 类
		蓝细菌
		光合细菌
	化学能	氢氧化细菌
		硝化细菌
		硫化细菌
		铁细菌
		锰细菌
		一氧化碳细菌
		甲烷菌
		醋酸菌

1.1.3.2 微生物固碳途径

至今已被发现的微生物固定 CO_2 途径有 6 条，即卡尔文循环、还原柠檬酸循环、还原乙酰-CoA 途径、羟基丙酸循环、三羟基丙酸/四羟基丁酸酯循环以及二羧酸/四羟基丁酸酯循环。

(1) 卡尔文循环

在有关自养固定 CO_2 生成细胞物质的生化机制中，最早被发现、也最被大家所熟知的是以其发现者 Melvin Calvin 命名的卡尔文循环(Calvin cycle，或者 Calvin-Bassham-Benson cycle)[66]。它是光能自养微生物和化能自养微生物固定 CO_2 的主要途径。整个过程需要 NAD(P)H 和 ATP 以及两个关键酶——二磷酸核酮糖羧化酶(Ribulose bisphosphate carboxylase，RubisCO)和磷酸核酮糖激酶(Phosphoribulokinase)循环中其他的酶反应由存在于许多自养和异养生物中的一系列酶所催化。

整个循环包括了 13 酶促反应，其中 12 个反应主要是再生 1,5-二磷酸核酮糖(Ribulose-1,5-bisphosphate,RuBP),只有 RubisCO 的催化反应才是整个循环中唯一固定 CO_2 的反应。因此,RubisCO 被认为是该循环中最关键的特征酶,它广泛分布于自然界中,包括在紫色细菌、蓝细菌、藻类、绿色植物、多数化能自养菌及一些嗜盐和嗜高温的古生菌中均发现该酶的存在。但同时 RubisCO 不是一个理想的催化剂,其一个转化周期需要 2~5 s[67]。卡尔文循环共为三个阶段(图 1-12):羧化反应、还原反应及 CO_2 受体的再生。整个过程先由 RubisCO 催化 RuBP 和 CO_2 反应,生成 2 分子的 3-磷酸甘油酸(3-phosphoglyceric acid,PGA);然后 PGA 被磷酸化,并被还原成 3-磷酸甘油醛(Glyceraldehyde 3-phosphate),它是糖酵解中的一个关键中间体;之后 3-磷酸甘油醛通过糖酵解早期步骤的逆反应生成葡萄糖。该循环总的化学定量关系见式(1-1)。

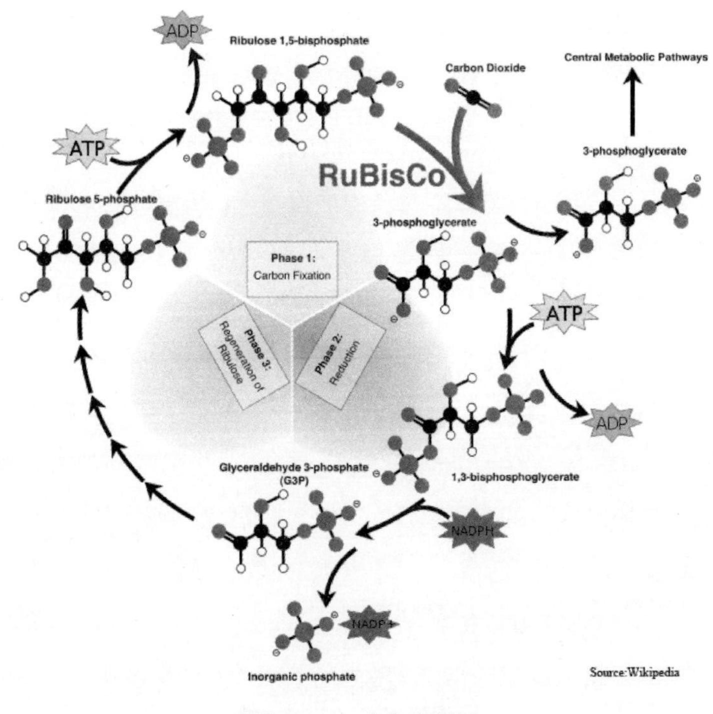

图 1-12　卡尔文循环

$$6CO_2 + 12NADPH + 18ATP \rightarrow C_6H_{12}O_6(PO_3H_2) + 12NADP^+ + 18ADP + 17Pi \quad (1-1)$$

整个过程共固定 6 个 CO_2，并生成 1 个己糖，消耗 12 个 NADPH 和 18 个 ATP。生成的己糖分子可以转化成贮藏性多聚物，如淀粉、糖原或聚 β-羟基烷酸等，用于将来构建新的细胞物质。

(2) 还原柠檬酸循环

1966 年，Evans 提出绿硫细菌绿菌(Chlorobium)中可能存在着第二个自养固定 CO_2 途径，即还原柠檬酸循环(Reductive citric acid cycle，或者 Reverse TCA cycle)[68]。但是直到 1990 年，该途径的所有细节才被研究清楚。该途径除了在绿硫细菌中被发现，随后在古生菌(Archaea)、热变形菌(Thermoproteus)及产液菌(Aquifex)中也发现到该途径。研究表明还原柠檬酸循环在微生物中分布得非常广，包括在一些细菌系统发育树上分支非常早的自养微生物也发现到该途径，所以推测该途径可能是自养作用的一种早期进化形式[69,70]。而且该途径中的酶对氧气敏感，故其只在厌氧或缺氧环境中被发现，这也与地球早期是无氧环境相符。

在还原柠檬酸循环中，CO_2 的固定是通过借助柠檬酸循环的逆反应过程(图 1-13)。以绿菌为例，它有两种与铁氧还蛋白相连接的酶，这两种酶催化 CO_2 还原成为柠檬酸循环的中间产物，所催化的反应包括将琥珀酰-CoA 羧化为丙酮酸。还原柠檬酸循环中大部分其他的反应是由酶催化沿着与正常氧化方向相反的方向进行，以柠檬酸裂解酶为例，这个依赖于 ATP 的酶将柠檬酸裂解为乙酰-CoA 和草酰乙酸，而在柠檬酸循环中，是由柠檬酸合酶催化乙酰-CoA 和草酰乙酸生成柠檬酸[71]。该途径生成乙酰-CoA 后，乙酰-CoA 在铁氧还蛋白催化下，再固定一个 CO_2 分子，从而生成丙酮酸，丙酮酸消耗一个 ATP 生成磷酸烯醇丙酮酸，然后再消耗一个 ATP 及 2 个 H 生成磷酸丙糖。生成的磷酸丙糖可以转化成磷酸己糖，进

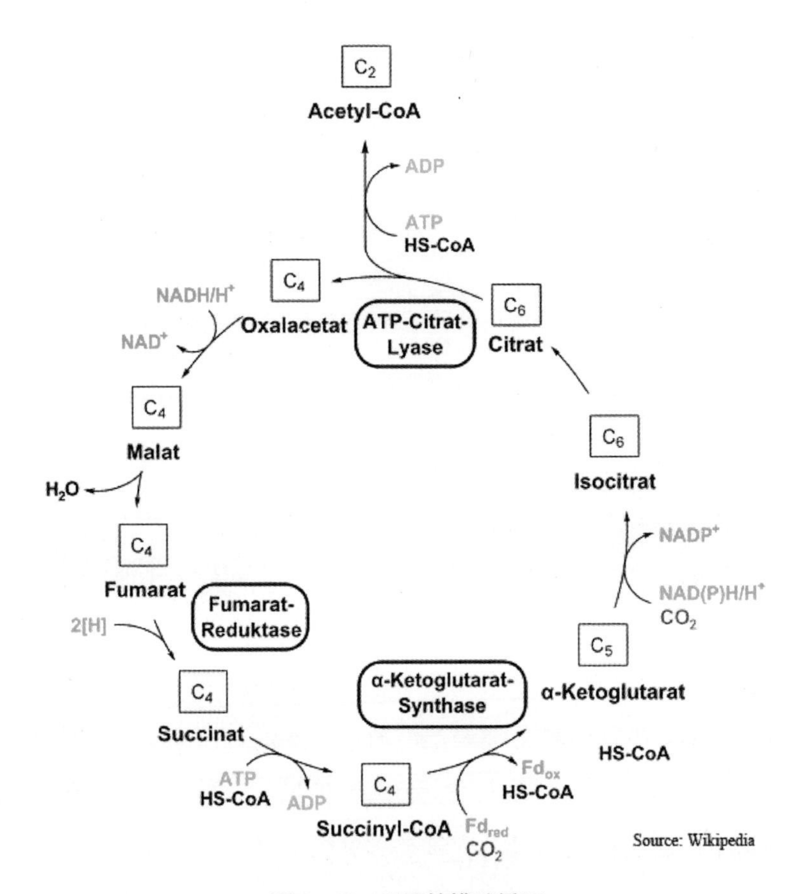

图 1-13　还原柠檬酸循环

一步成为细胞物质。整个循环的净反应见式(1-2)：

$$3CO_2 + 12H + 5ATP \rightarrow \text{磷酸丙糖} \tag{1-2}$$

(3) 还原乙酰-CoA 途径

在 20 世纪 80 年代初，第三个自养固定CO_2途径在一些革兰氏阳性菌和可生成甲烷的古生菌中被发现，即还原乙酰-CoA 途径(Reductive acetyl-CoA pathway，或者 Wood-Ljungdahl pathway)。该途径之后在一些其他的细菌和古生菌中也被发现。不同于之前的两个途径，还原乙酰-CoA 途径并不是一个循环途径。该途径包含了一个已知酶中对氧最敏感的酶，所以该途径只在严格厌氧途径中被发现[72]。

该途径以 H_2 为电子供体，CO_2 为电子受体，最终可以固定 2 个 CO_2 分子，并将其转化为乙酰- CoA(图 1 - 14)。在这个途径中，CO 脱氢酶和乙酰- CoA 合成酶是两个关键酶，正是在它们的作用下 CO_2 生成乙酰- CoA。途径中由一个辅酶和一个酶的金属中心作为 CO_2 受体[73]。一分子的 CO_2 被还原成甲基，并连着一个四氢辅酶；另一个分子的 CO_2 被还原成一氧化碳并连着 CO 脱氢酶反应中心的镍原子，它同样也是乙酰- CoA 合成酶反应中心。乙酰- CoA 合成酶通过一个类咕啉蛋白(Corrinoid protein)接受一个来自甲基四氢的甲基，并将其与 CO 相结合，形成一个酶连接着镍及乙酰的基团，之后将该基团连着 CoA 一起释放，形成乙酰- CoA。通过该途径将 CO_2 还原成乙酸并不消耗 ATP，因为该途径利用了 CO_2 发酵过程中产生的电子流。该途径不仅可以固定 CO_2，而且还可以同化如 CO、甲醛、甲醇、甲胺等单碳化合物。

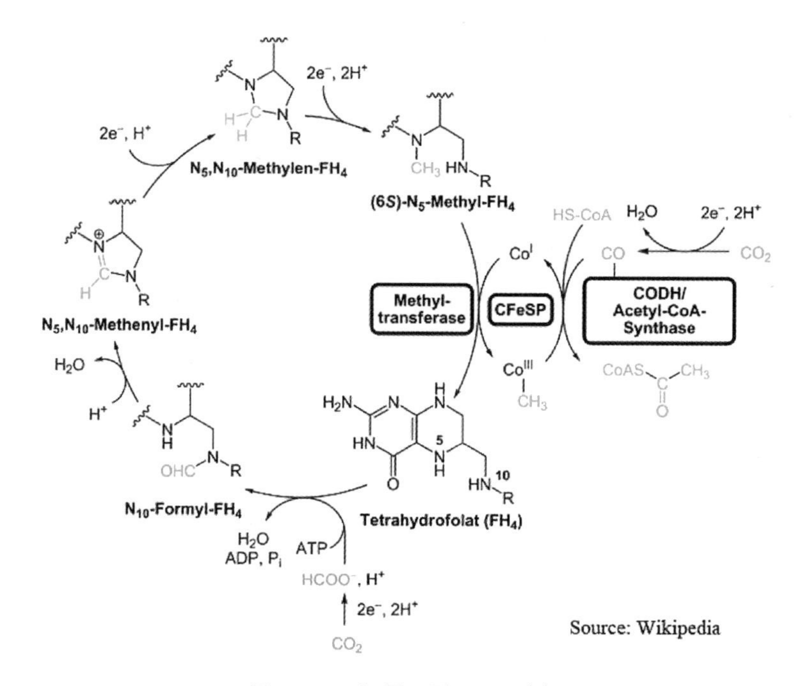

图 1 - 14　还原乙酰- CoA 途径

(4) 羟基丙酸循环

第四个途径在绿色非硫细菌绿屈挠菌(Chloroflexus)中被发现[74]，称作羟基丙酸循环(Hydroxypropionate cycle，又称作 3-hydroxypropionate/malyl-CoA cycle 或者 Fuchs-Holo bicycle)。绿屈挠菌以 H_2或 H_2S 为电子供体自养生长，在此微生物中并不存在卡尔文循环及还原柠檬酸循环。在光合微生物中，羟基丙酸循环仅在绿屈挠菌这个细菌系统发育树上分支最早的不产氧光合微生物中被发现，这意味着羟基丙酸循环可能是不产氧光合微生物自养生活的首次尝试。基于 16S rRNA 序列分析绿屈挠菌可能比其他光合微生物进化都早，羟基丙酸循环可能是所有光合微生物的第一个自养固定CO_2途径。此外，在几种极端嗜热古生菌，包括金属球菌(Metallosphaera)、酸菌(Acidianus)以及硫化叶菌(Sulfolobus)中也发现了羟基丙酸循环的存在，这些都是非光合微生物，靠近古生菌域的底部。由此推测，羟基丙酸循环的根源可能非常深，它可能是自然界自养生活的最早尝试。该途径起始于乙酰-CoA 的羧化作用，接着是 CO_2受体的再生，3-羟基丙酸及苹果酰-CoA 是该途径的特征性中间产物。该循环中没有一个酶对氧气有固有敏感性。

通常乙醛酸被认为是羟基丙酸循环固定 CO_2的初级产物。但实际上它并不是一个主要的前提代谢物，且它在第二个循环才转化成细胞成分，所以该途径是一个双循环(图 1-15)[75]。在第一个乙醛酸合成循环中，乙酰-CoA 羧化成丙二酰-CoA，通过形成特征性中间产物 3-羟基丙酸后，被还原成丙酰-CoA。之后丙酰-CoA 羧化，经过碳重排后形成琥珀酰-CoA。琥珀酰-CoA 转化成本途径中的第二个特征性产物：苹果酰-CoA。苹果酰-CoA 裂解再生成起始分子乙酰-CoA，并释放出 CO_2固定的第一个产物：乙醛酸。第二个乙醛酸同化循环开始于乙醛酸结合丙酰-CoA 形成甲基苹果酰-CoA，接着先后转换成 mesaconyl-CoA 及 citramalyl-CoA。之后裂解成乙酰-CoA 及丙酮酸，乙酰-CoA 如之前所述转变成丙酰-CoA，第二个循环结束。

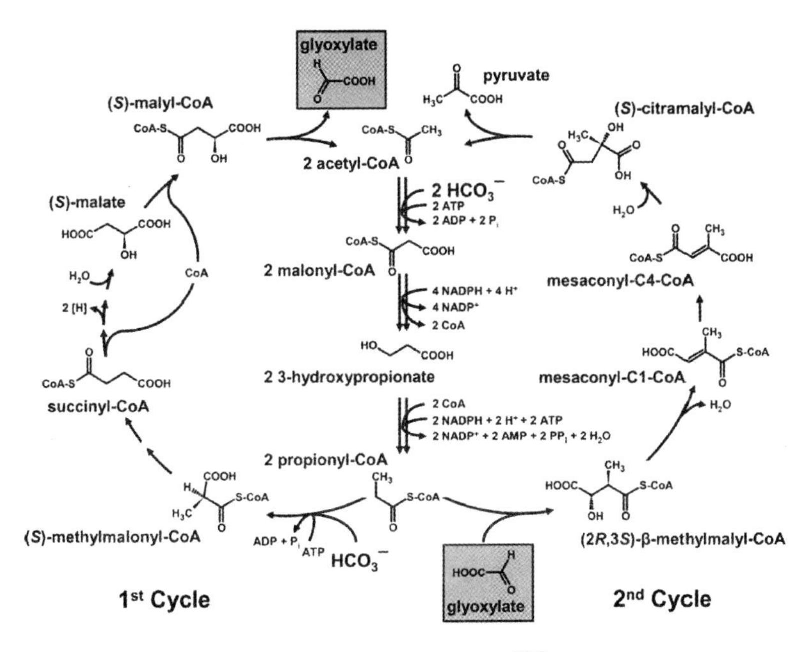

图 1-15 羟基丙酸循环[75]

羟基丙酸循环的能源消耗量较大，它需要 7 个 ATP 来合成丙酮酸，以及 3 个 ATP 合成磷酸丙糖。羟基丙酸循环除了固定 CO_2 还可以同时同化众多的化合物，包括一些发酵产物，如醋酸、丙酸、琥珀酸等由乙酰- CoA 或丙酰- CoA 代谢产生的基质。

(5) 三羟基丙酸/四羟基丁酸酯循环

2007 年发表在 *Science* 上的文章报道了新发现的三羟基丙酸/四羟基丁酸酯循环(3-hydroxypropionate/4-hydroxybutyrate cycle)，其与羟基丙酸循环有着一些类似的中间产物[76]，琥珀酰- CoA 同样是由乙酸和两分子通过 3 -羟基丙酸形成的，但是中间所涉及的酶却在系统发育上不相关，说明这些酶可能是趋同进化。三羟基丙酸/四羟基丁酸酯循环在金属球菌中运行时，是以 H_2 和 O_2 作为能源的。这个循环的基因序列同样在其他一些古生菌中被发现，但是这些菌种都是生活在缺氧或严格厌氧的环境下。循环涉及的 4 -羟基丁酸酯- CoA 脱氢酶是一个对氧非常敏感的酶。

在这个循环中(图 1-16)，一个乙酰-CoA 和两个碳酸盐分子通过3-羟基丙酸还原转化成琥珀酰-CoA。这一中间物还原成 4-羟基丁酸酯后通过 4-羟基丁酸酯-CoA 脱氢酶进一步转化成 2 个乙酰-CoA。

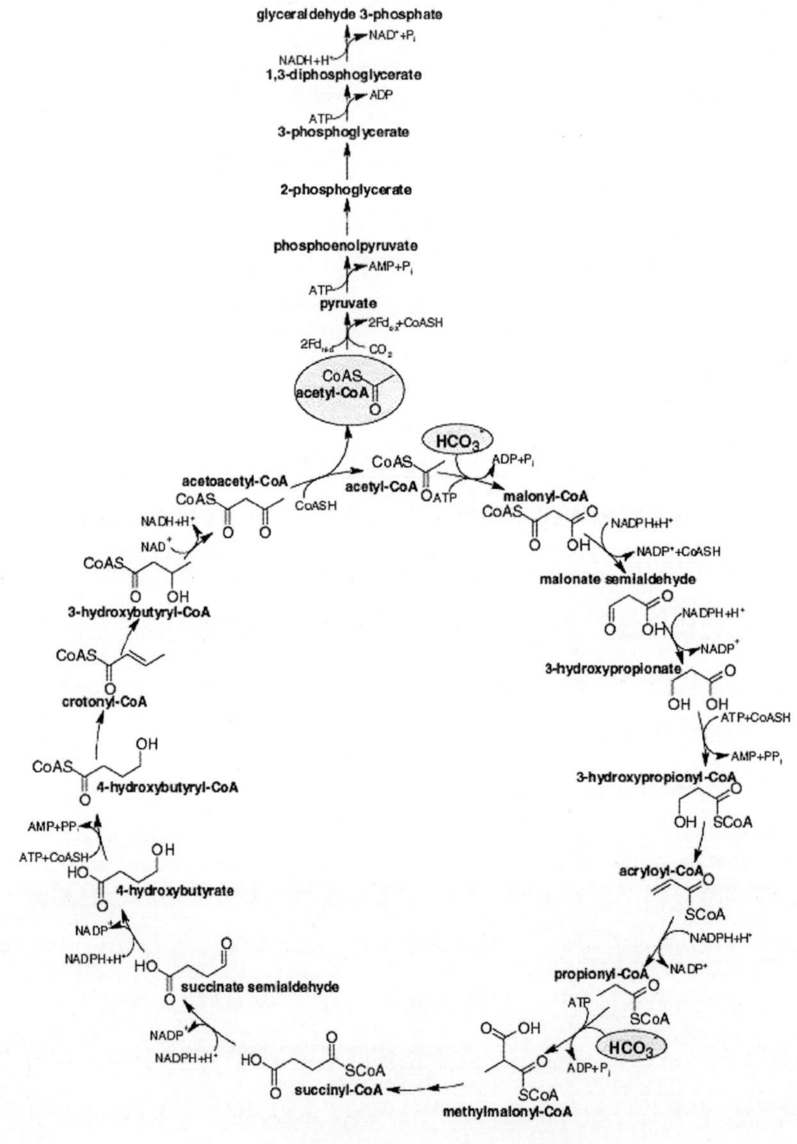

图 1-16 三羟基丙酸/四羟基丁酸酯循环[75]

(6) 二羧酸/四羟基丁酸酯循环

2008年,在《PNAS》上刊登了在 Ignicoccus hospitalis 中发现的被认为是微生物自养固碳的第六个途径:二羧酸/四羟基丁酸酯循环(Dicarboxylate/4-hydroxybutyrate cycle)[77]。之后在 Thermoproteus neutrophilus 以及 Thermoproteales 中都发现到该循环。二羧酸/四羟基丁酸酯循环和三羟基丙酸/四羟基丁酸酯循环(统称为四羟基丁酸酯循环)有很多相似的地方(图 1-17),两者通过不同的羧化酶将乙酰-CoA及两个无机碳分子转化成琥珀酰-CoA,在三羟基丙酸/四羟基丁酸酯循环中是乙酰-CoA/丙酰-CoA羧化酶固定2分子的碳酸氢盐,而在二羧酸/四羟基丁酸酯循环中则是丙酮酸合成酶及PEP羧化酶。但是两个途径都是从琥珀酰-CoA经过多个相同的中间体再生乙酰-CoA。

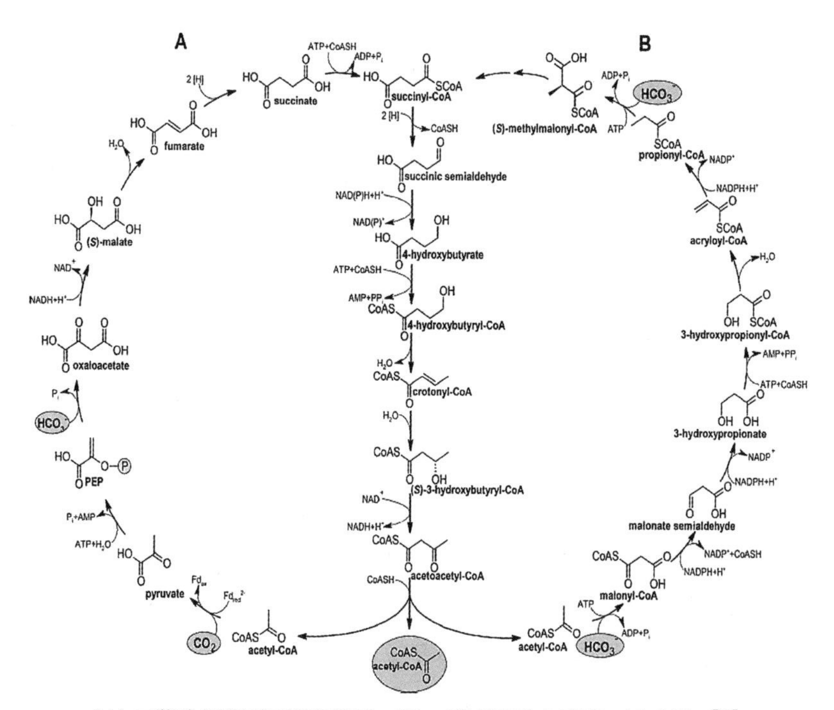

(A) 二羧酸/四羟基丁酸酯循环 (B) 三羟基丙酸/四羟基丁酸酯循环[75]

图 1-17 四羟基丁酸酯循环

上述6个固定CO_2途径在很多方面都有着较大的区别，主要是在能量需求、还原物需求、必要金属（如Fe，Co，Ni和Mo）、辅酶的使用及对氧气的敏感性等方面。这也导致了这几个固定CO_2途径在固碳微生物中的不同分布（图1－18）。当然，微生物固定CO_2的机理较为复杂，除此6个途径外，可能尚有一些途径未被发现，有待进一步的探索。

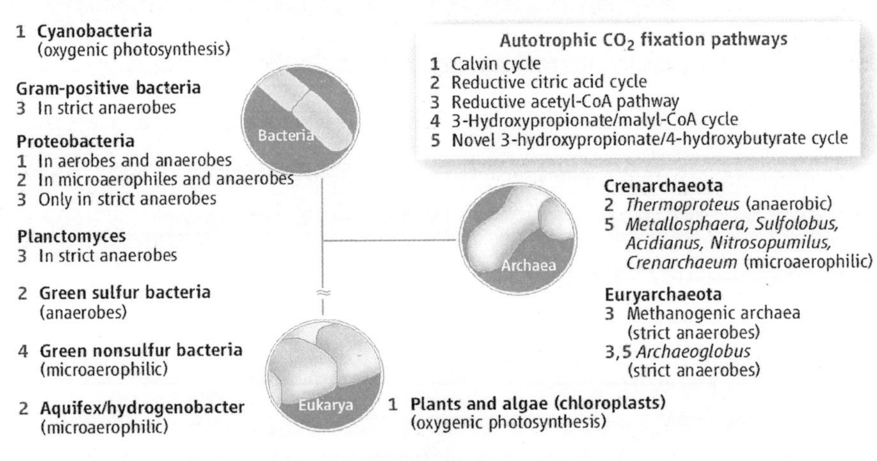

图1－18 微生物的5条固碳途径[76]

1.1.3.3 微生物固碳过程中的能量学

异养微生物在利用有机物时，该有机物不仅作为碳源，而且也能为微生物的生长代谢提供能量[78-81]。而作为无机碳源的CO_2，它无法提供给自养微生物以能源，所以自养微生物在固定CO_2过程中，其能量主要来源于光能和无机化合物氧化时所释放的能量[82,83]。当然这不是指微生物无法利用有机物提供的能量来固定CO_2，但很多有机物都会抑制微生物的自养代谢过程，所以综合来看，同时以有机物和CO_2作为碳源，会对微生物固定CO_2的效率产生负面影响。很多研究都表明，能量是微生物固定CO_2的重要限制性因素[84-87]。

作为地球上最重要的生物过程，光合作用将光能转变为化学能。进行光合作用需要有光敏感色素——叶绿素。光以不连续的量子能量单位通过叶绿素被光合生物吸收，在光合作用下进行能量转换，所得的净能量为ATP，之后ATP可被用于CO_2的固定。除了ATP，光合自养微生物还需要从周围环境中存在的电子供体获得还原力，比较典型的电子供体有H_2S、S^0、$S_2O_3^{2-}$和H_2，由它们产生NADH，由于过程中不产生O_2，所以也被称为不生氧光合作用。而藻类和蓝细菌则利用H_2O这一较弱的电子供体，将$NADP^+$还原为NADPH，由于过程中产生O_2，所以也被称为生氧光合作用。

在化能自养微生物中，ATP的合成与电子供体的氧化相连接，还原力可以直接来自无机化合物，但需要该电子供体有足够低的还原电位，否则，还原力则通过反向电子运输反应来获得。化能自养微生物可以利用的电子供体有很多，主要包括H_2，NO_2^-，NH_4^+，S^{2-}，S^0，HPO_3^{2-}，Fe^{2+}等。这些电子供体氧化时释放的能量见表1-2[88]。另外，ATP中的高能磷酸键的自由能为31.8 kJ/mol。

表1-2中除亚磷酸盐外，所有反应的电子受体都为O_2。而实际上，不少电子供体还可以以其他化合物为电子受体，如铵也可以以NO_2^-为电子受体等。不过当电子受体改变时，电子供体释放的能量也随着改变。释放能量的大小主要取决于两个半反应间的还原电势差，即电子供体和受体在电子塔上的电势差越大，越能释放较多的能量。以下详细介绍几个常见电子供体被微生物利用的情况。

表1-2 不同无机电子供体氧化时释放的能量[88]

电子供体	反应	可利用的微生物种类	$\Delta G^{0'}$/(kJ/反应)	电子数	$\Delta G^{0'}$/(kJ/2e$^-$)
H_2	$H_2+\frac{1}{2}O_2\rightarrow H_2O$	氢氧化细菌	−237.2	2	−237.2
S^{2-}	$HS^-+H^++\frac{1}{2}O_2\rightarrow S^0+H_2O$	硫细菌	−209.4	2	−209.4

续　表

电子供体	反　　应	可利用的微生物种类	$\Delta G^{0'}$/(kJ/反应)	电子数	$\Delta G^{0'}$/(kJ/$2e^-$)
S^0	$S^0+1\frac{1}{2}O_2+H_2O\rightarrow SO_4^{2-}+2H^+$	硫细菌	−587.1	6	−195.7
NH_4^+	$NH_4^++1\frac{1}{2}O_2\rightarrow NO_2^-+2H^++H_2O$	硝化细菌	−274.7	6	−91.6
HPO_3^{2-}	$4HPO_3^{2-}+SO_4^{2-}+H^+\rightarrow 4HPO_4^{2-}+HS^-$	亚磷酸盐细菌	−91	2	−91
NO_2^-	$NO_2^-+\frac{1}{2}O_2\rightarrow NO_3^-$	硝化细菌	−74.1	2	−74.1
Fe^{2+}	$Fe^{2+}+H^++\frac{1}{4}O_2\rightarrow Fe^{3+}+\frac{1}{2}H_2O$	铁细菌	−32.9	1	−65.8

(1) 氢

氢是一种常见的微生物代谢产物，在无机物中它位于电子塔的顶端，是一种非常好的无机电子供体，而位于电子塔的底端的O_2则是一种非常好的电子受体，这二者的组合非常好，二者间有非常大的电势差，能释放出比其他无机电子供体/受体组合更多的能量，见表1-2。H_2氧化过程中被O_2氧化产生ATP，形成质子动力。该反应为高度放能反应，可供至少1个ATP的合成。反应由氢化酶催化，最初电子由H_2转移给1个琨受体，接着经过一系列细胞色素，最终传递给O_2，并生成水。氢细菌通过卡尔文循环固定CO_2时所遵守的化学定量关系见式(1-3)：

$$H_2+2O_2+CO_2\rightarrow CH_2O+5H_2O \tag{1-3}$$

式中，CH_2O为细胞物质。

随着微生物种类不同，以及环境条件的不同，微生物对利用H_2固定CO_2的过程也会有所不同。氢作为一种优质能源，可以利用它的氢氧化细菌也是化能自养微生物中生长速度最快的。此外，除了氧气，有些氢氧化细菌还可以在厌氧状态下利用硝酸盐、硫酸和铁离子等作为电子受体[89]。

(2) 硫化物

多数还原态硫化物可以被多种硫细菌作为电子供体。实际上化能无机营养这一概念来自 Sergei Winogradsky 对于硫细菌的研究成果[90]。最常见的用作电子供体的硫化物是 H_2S、S^0 和 $S_2O_3^{2-}$，其反应见式(1-4)—式(1-7)，多数情况下它们氧化的最终产物是 SO_4^{2-}。

$$HS^- + H^+ + \frac{1}{2}O_2 \rightarrow S^0 + H_2O, \quad \Delta G^{0'} = -209.4\ \text{kJ/反应} \quad (1-4)$$

$$S^0 + 1\frac{1}{2}O_2 + H_2O \rightarrow SO_4^{2-} + 2H^+, \quad \Delta G^{0'} = -587.1\ \text{kJ/反应} \quad (1-5)$$

$$H_2S + 2O_2 \rightarrow SO_4^{2-} + 2H^+, \quad \Delta G^{0'} = -798.2\ \text{kJ/反应} \quad (1-6)$$

$$S_2O_3^{2-} + 2O_2 + H_2O \rightarrow 2SO_4^{2-} + 2H^+, \quad \Delta G^{0'} = -818.3\ \text{kJ/反应} \quad (1-7)$$

还原态最高的硫化物：H_2S 的氧化过程是逐步进行的，首先是形成 S^0，一些硫细菌将这种元素态硫沉积在细胞内作为一种能量的储备，当 H_2S 的供给衰竭时，就可以氧化 S^0 从式(1-5)的反应中获得能量。不同硫化物氧化步骤见图 1-19，当硫化物氧化成 SO_3^{2-} 后，有两种方法将其氧化成 SO_4^{2-}，最普遍的方法是利用亚硫酸盐氧化酶催化法，将电子从 SO_3^{2-} 直接传递给细胞色素 c，在电子传递和质子动力形成的过程中产生 ATP。尽管硫细菌主要是好氧生物，但是有些菌种可以以硝酸盐为电子受体厌氧生长，如脱氮硫杆菌(Thiobacillus denitrificans)。

(3) 无机氮化合物

最常见的被用作电子供体的无机氮化合物是 NO_2^- 及 NH_4^+[91-92]，它们可以被微生物通过硝化作用在有氧条件下氧化利用。亚硝化细菌，如亚硝化单胞菌(Nitrosomonas)能将 NH_4^+ 氧化成 NO_2^-，而硝化杆菌(Nitrobacter)能将 NO_2^- 氧化成 NO_3^-，而 NH_4^+ 要完全氧化为 NO_3^- 是由上述两类微生物

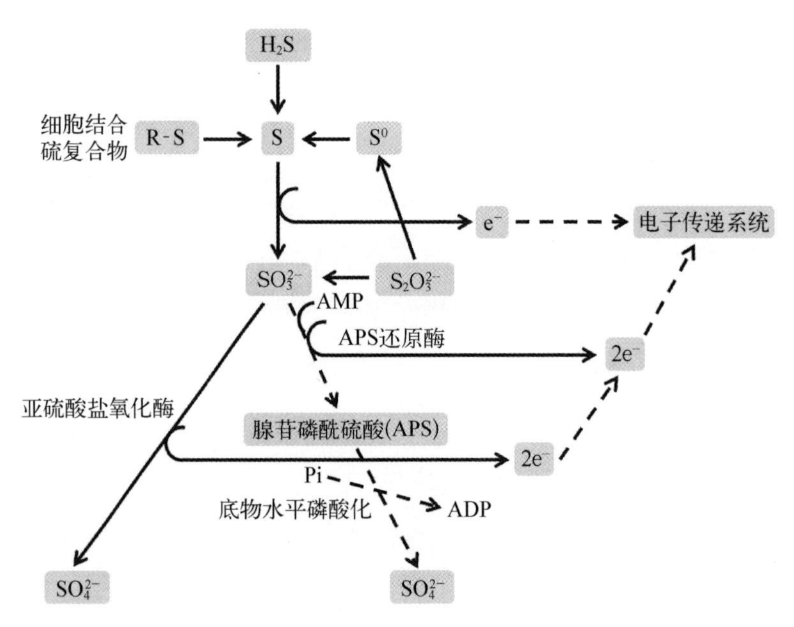

图 1-19　不同硫化物氧化步骤[88]

协同进行的。在氨氧化细菌中，NH_3 被氨单加氧酶氧化，产生 NH_2OH 和 H_2O，接着羟氨氧化还原酶将 NH_2OH 氧化成 NO_2^-，在反应中转移 4 个电子，但在将 O_2 氧化成 H_2O 的过程中要消耗 2 个电子，所以实际只有 2 个电子到达终端氧化酶。亚硝酸盐氧化细菌利用亚硝酸盐氧化还原酶将 NO_2^- 氧化成 NO_3^-，电子通过电子传递链传给终端氧化酶[93,94]。

在厌氧条件下，NH_4^+ 也可以被氧化，该过程被称为厌氧氨氧化[95]，其反应见式(1-8)，这是一个高度放能反应。厌氧氨氧化布罗卡德氏菌(Brocadia anammoxidans)就是可以催化厌氧氨氧化的生物体。它可以以 CO_2 作为唯一碳源生长，并利用 NO_2^- 作为电子受体[96]，见式(1-9)。

$$NH_4^+ + NO_2^- \rightarrow N_2 + 2H_2O, \qquad \Delta G^{0'} = -357\ \text{kJ/反应} \quad (1-8)$$

$$CO_2 + 2NO_2^- + H_2O \rightarrow CH_2O + 2NO_3^- \quad (1-9)$$

(4) 铁

铁从 Fe^{2+} 到 Fe^{3+} 的需氧氧化是一种放能反应，但是该反应只产生少量的能量，所以铁细菌为了生长需要氧化大量的铁。Fe^{2+} 在无氧条件下可以长期稳定，有氧条件下只有在酸性 pH 条件下才是稳定的，在中性条件下 Fe^{2+} 会迅速地氧化成 Fe^{3+}[97,98]。所以很多铁氧化细菌都是专性嗜酸菌。但是也有一些铁细菌，如锈色嘉利翁氏菌(Gallionella ferruginea)和浮游球衣菌(Sphaerotilus natans)可以在中性 pH 条件下在 Fe^{2+} 自发氧化前将其氧化利用。

1.1.3.4 固碳微生物的产业化应用研究

目前，国际上研究较多、有工业化应用价值潜力的固定 CO_2 微生物主要是藻类和氢氧化细菌，以下就对其做一些简单介绍，并探讨其他自养微生物固定 CO_2 的工业化应用潜力。

(1) 藻类

藻类的优点在于光合速率快、生长繁殖快、环境适应性强、固定 CO_2 效率高以及易与其他工程技术集成等优点[99-104]，可被应用于烟道气中 CO_2 的脱除[105-107]。藻类固定 CO_2 技术的另一潜在应用领域是在密闭空间内，如潜艇和载人航天器中 CO_2 的去除[108]。美国、日本和苏联从 20 世纪 90 年代开始研究微藻在环境控制和生命保护系统中 CO_2 去除和 O_2 转化过程中的作用。

根据微藻的营养模式不同，其培养方式有光自养、混养和异养之分。由于混养或异养过程中易发生细菌污染，光合能力较低，且低浓度可溶性有机底物可能抑制微藻细胞生长，使得微藻固定 CO_2 技术大多采用光自养培养方式[109-112]。微藻高密度光自养培养是降低微藻培养成本的一条有效途径[113,114]。目前实现微藻高密度光自养培养主要采用以下 3 种方法：优化微藻培养基和培养条件；采用不同稀释比及分批补料培养避免底物抑制，或采用连续培养提高微藻生产率；开发具有高光传递效率的光生物反应器[115,116]。

目前,全世界有多家公司都在探索开发藻类生物反应器系统用于废气中CO_2的吸收与资源化。这一系统与煤、天然气发电厂或大型工业设施相结合,将其排放的废气直接作为CO_2源通入人工的"藻类农场"[117-120]。长大、成熟后的藻类含油量丰富,可以用来生产生物柴油、酒精、动物饲料以及各种塑料[121-130]。如美国绿色燃料公司和亚利桑那公共服务公司在亚利桑那州建立了可与1 040 MW电厂烟道气相联接的商业化系统,成功地利用烟道气的CO_2,大规模光自养培养微藻,并将微藻转化为生物燃料。以色列海洋生物技术公司宣布其在阿什克隆发电厂开启的利用发电厂排放的CO_2养殖海藻,进而从中制取生物燃料的研究项目获得成功。加拿大启动了其微型藻类系统的研发项目,目标是研究出一种可处理1亿吨工业排放CO_2的系统。英国碳基金公司日前启动一项生物燃料项目,计划将耗资2 600万英镑于2020年前实现利用藻类生产运输燃料。

关于藻类的工业化研究很多,但由于藻类固定CO_2需较大的培养面积,同时对温度和水分的要求较高,从成本角度考虑,目前还不能大规模推广应用于工业废气的处理[131]。但结合微藻本身的价值,如可以将CO_2转化为生物柴油等高价值液体燃料从而替代化石燃料,或利用CO_2生产有用物质如类脂和蛋白质,或作为提取高附加值药物原料等,利用藻类吸收与资源化CO_2还是很有希望成为经济可行的环保型CO_2去除技术。

(2) 氢氧化细菌

光合微生物在培养中需要光照,因而在反应器中进行高密度培养时,菌浓达到一定程度后,菌不断生长后产生的遮蔽现象会使菌液中部分菌因得不到足够光照,从而无法进行光合反应,进而使其固定CO_2速率逐步下降[132-134]。而氢氧化细菌则不存在这一问题,并且其环境适应性强,可生长在更广的温度、pH值范围内和盐溶液的环境中,从土壤到海洋都有其存在[135-137],其生长速率快,固定CO_2能力强,还可耐受高CO_2浓度(CO_2浓度在10%～20%其都可正常生长,而一般藻类在CO_2浓度到了3%,其CO_2固定能力就有所下降),因而在烟道气中的 CO_2(10%~20%)脱除处理过程中,氢氧化细菌似乎更为合适[138,139]。

此外,混合营养方式也是氢氧化细菌的生态学特征,有多种氢氧化细菌都是属于兼性自养菌,自养和异养生长方式可以同时存在,这极好地体现了自养与异养在生物学上的连续性[140-142]。但氢氧化细菌对有机物的利用有一定的局限性,有些有机物甚至对于它的生长有抑制作用。用混合营养方式培养氢氧化细菌,虽然会使其固定 CO_2 能力有一定下降,但若这种营养方式可以使氢氧化细菌生长速度加快,达到在单位时间内固定 CO_2 总量上升,那就有了一定工业价值。由于氢氧化细菌拥有的独特优势,所以引起了人们的一定重视。如日本的 MH-110[143]和韩国的 YN-1[144,145]都是可以成功应用于固定 CO_2 的氢氧化细菌菌种。

但是氢氧化细菌固定 CO_2 的最大问题在于,在固定过程中,需要提供较高浓度的 H_2(5%~10%,甚至更高),这一缺点极大地限制了它的大规模工业化可能性[146]。

(3) 其他自养微生物

藻类和氢氧化细菌单从应用于固定 CO_2 角度出发,它们都存在一定的局限性。如藻类等光合微生物固碳时需要光照,所以对培养面积要求较大,而且不适合于土壤和大型反应器中高密度培养,且藻类不耐热和高浓度 CO_2。氢氧化细菌生长较快且不用光照,其固碳能力也较强,但其必须以 5%~10%的氢气为电子供体,因此,普通环境条件难以符合其固碳要求。在实际操作中,供氢气也存在严重的安全隐患[147-149]。鉴于此,发掘不用光照与供氢的高效固碳微生物,对于实现普通环境条件下的微生物固碳(如土壤环境或吸收工业排放 CO_2 的大型生物反应器中)具有重要的意义。

非光合不用供氢的固碳微生物的优点在于它的环境适应性强,可以在较宽泛的 pH、盐浓度、温度、各种气体浓度等环境[150-156],这方面要强于藻类和氢氧化细菌。但是它的缺点同样突出,主要是固碳效率较低,而且它固定CO_2产生的产物价值要低于藻类。如果能弥补这两点，则非光合不用供氢微生物固碳技术就会具有一定的工业化价值。

非光合固碳微生物的固碳效率非常低，但是这里指的是单一菌种，如果实验中采用混合微生物固定CO_2，则效果可能远强于单一菌种[157]。混合微生物的优点在于，菌种较多则相应的固碳途径及可利用的电子供体种类也较多，这样微生物在固定CO_2过程中，可以根据环境条件选择最有利的固碳途径及电子供体利用方式[158-161]。有关混合微生物的优点在之后微生物的共生作用中会详细叙述。另一方面，非光合固碳微生物如果要达到一个较好的固碳效果，则必须通过高密度培养，虽然高密度时单位微生物的固碳效率可能会有所下降，但就单位时间及空间内固碳效率而言必定会随着密度增加而增加。从理论上讲，非光合固碳微生物高密度培养的效果可能要好于光合固碳微生物。

（4）非光合固碳微生物在土壤中的固碳前景

研究表明土壤一方面通过呼吸作用向大气释放CO_2，另一方面它是地球上最大的碳库[162-165]。据估计，从 20 世纪 80 年代起，每年土壤向大气释放 1.6 Gt 的碳，土壤有机碳的下降已使大气中CO_2浓度提高了近 140 mg/m^3[166]。Mullen 等人的研究指出土壤中的有机质含量如增加 1%，大气中的CO_2含量将下降 5 mg/m^3[167]。因此，降低土壤的呼吸强度，提高土壤有机质的保留能力，对于控制温室气体过量排放具有重要意义。由于土壤中CO_2扩散到大气存在一定的障碍，因此典型土壤中的CO_2含量为 1%～5%，有些甚至能达 10%以上[168-172]，远高于大气的 0.04%，因而土壤中的CO_2应该是固碳微生物良好的碳源。如能利用不需光照与供氢的微生物以工业排放的CO_2为碳源生长（实现对工业排放CO_2的吸收），随后将得到的菌体制成低碳土壤改良剂，并返还到贫瘠的土壤，实现其在土壤中对环境游离CO_2的持续同化，既可减缓大气CO_2浓度的升高，又可提升贫瘠土壤中的有机质含量，达到改良土壤的目的。而且地球上有大量沙漠化的土壤（如沙漠、沿海围垦的土地等)，其有机质含量极低，不适合于农业生产。这样非光合不用供氢微生物固碳技术不仅可以产生较大的附加价值，而且市场巨大。此外，由于光合微生物在培养过程中，对于培养面积要求较大，如果将光合/非光合微生物固碳技术相耦合，培养时光合微生物占据与光接触的表面，而非光合微生物则利用光合微生物无法利用的不被光照的内部体积，这样就单位体积而言，固碳效率可以大大加强。光合/非光合微生物固碳技术耦合，可以通过在经过特殊设计的生物反应器中同时培养两类微生物，也可以通过将培养两类微生物的两种反应器相耦合，以达到效果。综上所述，非光合微生物固碳技术应用范围非常广阔。

1.1.3.5 有机碳对固碳微生物的影响

一般认为自养微生物只利用 CO_2 作为碳源，但是从生物进化的连续性讲，二者的绝对界限是不存在的。有些自养微生物的生存环境中如存在有机物，则对其自养水平有较大影响。土壤的环境条件极其复杂，含有大量的有机物，这也导致非光合微生物若应用于在土壤中固定 CO_2 会存在的较大问题。

对于专性化能自养菌，如氧化硫硫杆菌、排硫杆菌、氧化亚铁硫杆菌、那不勒斯硫杆菌、脱氮硫杆菌、亚硝化单胞杆菌和硝化杆菌在缺少可以利用的无机电子供体时，不能在有机培养基上生长，而即使存在可以被利用的电子供体时，某些有机物对于这些微生物也有不同程度的抑制作用[173,174]。这些有机物主要是有机酸和氨基酸。

对于氧化硫硫杆菌，如果环境中存在丙酮酸，则抑制其对 CO_2 的固定。在丙酮酸浓度较高时，其对于氧化硫硫杆菌固定 CO_2 的抑制率可以达到84%[175]。除了丙酮酸外，甲酸、乙酸、丙酸、丁酸、戊酸、己酸这些简单的有机酸及微生物生长代谢中经常出现的包括乳酸、琥珀酸、草酰乙酸、苹果酸、延胡索酸、柠檬酸等有机物，对自养微生物的自养代谢都有一定抑制效果。氨基酸对于自养微生物也有一定抑制效果，包括如苏氨酸、组氨酸、赖氨酸、缬氨酸、丝氨酸、半胱氨酸、甲硫氨酸等对自养微生物的生长及固定CO_2都有一定抑制效果。除此之外，对于异养微生物来讲可以作为良好碳源的葡萄糖、果糖、甘油等对自养微生物也有抑制效果。

有机物对自养微生物的抑制效果不是绝对的，对于同一种自养微生物，不同有机碳源的抑制效果不一样，而同一种碳源对不同自养微生物效果也不一样。有些有机物的抑制效果可以被另一种有机物所消除。如苯丙氨酸对排硫杆菌的抑制效果可以被酪氨酸、色氨酸或二者的混合物所消除。丝氨酸对氧化硫杆菌的抑制可以被苏氨酸或缬氨酸加亮氨酸消除。即使是如土壤这种充满丰富有机物的环境，微生物固定CO_2的水平仍仅占土壤呼吸释放CO_2的1%～5%[176]。

1.1.4 微生物共生系统及其对CO_2固定的影响

关于生物之间的共生关系，国内外均有较多研究[177-187]。微生物间的共生作用可以使两种微生物共同降解一种底物，而这种底物是它们中任何一种都无法单独降解的。也就是说，由于微生物间的共生作用，一些混合微生物拥有比单一菌种更为丰富的合成代谢及能量代谢途径或者是更高效的途径。有关微生物固定CO_2的共生作用的研究也很多[188-192]，如Cavanaugh研究了硫氧化细菌与管栖蠕虫间的共生关系[193]，这二者在组织学和酶学上有较为紧密的联系，从而形成了一个完整的代谢系统，使微生物在营养元素极度匮乏的环境下生存；Belkin等人研究了Bathymodiolus Thermophilus和管虫*Riftia Pachyptila*间的共生关系[194]，这二者的共生使它们可利用的营养元素种类较单独生长时增多，从而促进了它们的生长；Mclnerney等关于互养共栖在全球厌氧碳循环方面的研究指出互养共栖使微生物可以在能源物质极度匮乏的情况下生存[195,196]。这些微生物间的共生作用使得它们可以构成一个更为有效的固碳系统。

共生作用可以有效提高混合微生物的总体固碳效果，主要是从两方面使微生物受益。首先，在合成代谢方面，Berg 提到在深海管虫内发现的一个不可培养的共生体（属于 γ-变形菌），它同时拥有卡尔文循环及还原柠檬酸循环，它对于两种固碳途径的使用取决于环境中的能量供应，在高能环境中，这个共生体通过卡尔文循环固定 CO_2，而在低能环境，它则更多地使用还原柠檬酸循环[75]。在之前介绍的微生物固碳途径中，各途径中存在很多相同的中间物。所以可以想象，当这些途径都存在时，它们的优点不仅在于微生物可以根据当时所处环境选择它们中最适的，而且可以选择最有效合成代谢中间物的途径，也就是通过多个途径不同部分的组合，形成更有效的利用 CO_2 合成细胞物质的途径，而这些途径可能不仅局限于自养代谢途径，而且包括一些异养代谢途径。其次，在能量代谢方面，共生作用也能给微生物带来益处。一个反应所能释放的能量 $\Delta G^{0'}$ 是根据标准条件，即 1 mol 浓度的产物和反应物来计算，而 ΔG 也就是反应实际释放的自由能，根据产物和反应物的实际浓度来计算。如乙醇发酵菌生成乙酸的反应从自由能变化上来看相当不利（$\Delta G^{0'}=+19.4$ kJ/反应），但是当另一种微生物如产物甲烷菌迅速利用反应中产生的 H_2，整个反应就变为一个放能反应（$\Delta G^{0'}=-111.3$ kJ/反应）。在沃氏共养单胞菌（Syntrophomonas wolfei）也能找到类似的例子。

综合上所述，就微生物固定 CO_2，混合微生物比单一菌种更有优势，共生作用能给微生物带来极大的好处。

1.2 研究背景、意义与研究内容

1.2.1 内容来源

本内容来源于国家 863 主题项目《燃煤烟气 CCUS 关键技术》之子课

题《微藻/非光合微生物耦合高效固碳及资源化利用关键技术与装备研发》(2012AA050101)、国家自然科学基金项目《混合电子供体在非光合微生物菌群固定CO_2过程中的增效机制》(21177093)、国家科技部重大攻关项目《东滩湿地公园低碳建设与运行关键技术集成》(2010BAK69B13)、上海市科委重大攻关项目《低碳化土壤改良与虚拟旅游信息系统》(10dz1200903)。

1.2.2 研究背景与意义

目前公认具有较高固碳效率的微生物主要是光合微生物和化能自养细菌中的氢氧化细菌。藻类等光合微生物由于光合速率快、繁殖快，因此其CO_2固定效率较高，但由于其在培养过程中需要光照，限制了其在大型反应器中的实际应用。氢氧化细菌不用光照且具有较快的生长速率和较强的CO_2固定能力，并可耐受高CO_2浓度，但其在固碳过程中必须以高浓度氢气作为电子供体，因此普通环境条件难以符合其生长要求，同时在实际应用中，供氢气也存在严重的安全隐患。鉴于此，发掘不用光照与供氢的高效固碳微生物，对于实现普通环境条件下的微生物固碳(如土壤环境以及吸收工业排放CO_2的大型生物反应器中)具有重要意义。

有机碳源可以提供给微生物生长代谢所需的能量，CO_2却无法提供，所以微生物以CO_2作为碳源时，是由可充当电子供体的无机化合物提供。电子供体不仅是微生物自养代谢时唯一的能量来源，它同时还是还原力的来源。单菌对于电子供体的利用有限，所以导致其固定CO_2效率较低。如果是混合微生物，则其可利用的电子供体种类可能会较为丰富，整个菌群固定CO_2效率可能也会较高。本文以混合微生物为研究对象，考察不同电子供体对微生物菌群固碳效率的影响，并找出各电子供体的最佳效应浓度范围，通过建立相关的数学模型构建和优化由多种电子供体组成的混合电子供体系统，以期获得较高的微生物固碳效率。从混合电子供体及其衍生物的潜在能效、实际能效及其微生物可利用性角度，结合非光合微生物菌群对混合电子供体组成变化的生化、生态响应等方面入手，系统研究混合电子供体与微生物菌群结构的互动关系，进而阐明混合电子供体对非光合微生物固碳作用的增效机制，将为稳定地控制混合电子供体促进下的非光合微生物菌群的固碳过程，进一步提升与稳定其固碳效率提供理论指导。

此外，地球上有大量沙漠化的土壤(如沙漠、沿海围垦的土地等)，其有机质含量极低，不适合于农业生产。土壤碳库和大气碳库之间存在一个动态平衡，有研究表明土壤中有机质含量增加 1%，大气中的 CO_2 将较少 5 mg/m^3[167]。因此，如能利用不需光照与供氢的固碳微生物以工业排放的 CO_2 为碳源生长(实现对工业排放 CO_2 的吸收)，随后将得到的菌体返还贫瘠的土壤，并实现其在土壤中对环境游离 CO_2 的持续同化，既可减缓大气 CO_2 浓度的升高，又可提升贫瘠土壤中的有机质含量，达到改良土壤的目的。但是土壤中富含多种有机物，这些有机物对微生物固定 CO_2 有一定影响。通过研究有机物对非光合微生物固碳的影响，并探究其相关机理，研究结果将为实现非光合微生物在含有机碳环境中的持续固碳奠定理论基础。

该研究不但为 CO_2 的资源化提供了一个低能耗、高效率、可持续发展的技术途径，而且为全面阐明非光合微生物固定 CO_2 过程中混合电子供体的增效机制及有机物对微生物自养代谢的抑制机制提供理论基础。其为最终缓解 CO_2 过量排放导致的全球气候变暖提供一种可选择的解决方案。

1.2.3 研究目的

本文将以所获得的不以氢气为电子供体的非光合固碳微生物菌群为研究对象，在厌氧或好氧条件下分别考察不同电子供体促进非光合微生物菌群的最佳效应浓度范围，并通过建立数学模型构建和优化由多种电子供体组成的混合电子供体系统，以期获得较高的微生物固碳效率。采用一系列离子分析和微生物分子生化与生态分析技术，结合多元统计分析模型，从混合电子供体各单体及其衍生物在反应过程中的浓度、形态变化及其能量释放角度，结合非光合菌群对不同混合电子供体的生化、生态响应等方面入手，系统研究混合电子供体组成及其能效与微生物菌群结构间的互动关系，进而阐明混合电子供体对非光合微生物固碳作用的增效机制。从而为进一步优化混合电子供体及非光合微生物菌群结构，并最终达到提高非光合微生物固碳效率提供理论和技术支持。此外，本文将阐明有机碳对非光合微生物固碳过程的抑制效应及其机理，为发展一些可有效减轻或消除有机碳抑制效果的代谢调控技术与手段提供理论基础，进而达到提升有机碳胁迫下非光合微生物的固碳效率的目的，为实现其在土壤环境中的有效固碳奠定基础。

1.2.4 研究内容

本文研究内容以非光合固碳微生物为研究对象，研究各电子供体对其固碳效率的影响，从而得到在实验设计空间内对微生物固碳有最佳促进效应的电子供体组合，并进一步探索混合电子供体对微生物固碳的增效机制及其普遍性；此外，研究了有机物对非光合微生物固定CO_2过程的影响及其作用机理，探讨了减轻或消除有机碳抑制的可能手段。具体研究内容如下：

(1) 研究单个电子供体NO_2^-，$S_2O_3^{2-}$及S^{2-}对非光合微生物固定CO_2的影响。

(2) 分析不同电子供体条件下微生物的菌群结构，探究这二者间的相关性及混合电子供体促进非光合微生物固碳效率的可能性。

(3) 建立数学模型研究混合电子供体NO_2^-，$S_2O_3^{2-}$及S^{2-}间可能存在的交互作用。

(4) 探究提升CO_2固定效率的最优条件，构建相应的高效混合电子供体系统，并验证混合电子供体促进非光合微生物固碳作用的普遍性。

（5）基于最优电子供体系统，研究并验证其对非光合微生物固定 CO_2 的增效机制。

（6）研究有机物对非光合微生物固定 CO_2 的抑制效应，并初步分析其可能的抑制机制。

1.2.5 研究创新点

本文研究的创新点如下：

（1）发展了一种不用供氢的非光合微生物固碳技术。

（2）开发了有效促进非光合微生物固碳效率的混合电子供体系统。

（3）初步阐明了混合电子供体对混合菌群固定 CO_2 效率的促进机制。

（4）初步探索了有机物对非光合微生物菌群固碳过程的影响及其机制。

第2章 与非光合微生物菌群匹配的电子供体系统的构建与优化

2.1 概　　述

在微生物代谢过程中，除代谢途径及其关键酶的活性外，电子供体也具有重要作用。因为电子供体既是还原力的来源，也是能量的供体。通常，电子供体分为有机供体和无机供体。许多研究表明电子供体的类型及其效率对于微生物产氢、固碳、硫还原等过程均具有显著影响。如 Arnon 等的研究指出，一些人工合成或自然的电子供体可以通过影响产氢反应的过程产物，实现藻类的光合作用器官以及产氢酶在体外发生作用，进行产氢活动[197]。Labrenz 对于海洋中自养微生物的研究表明，多种硫化物及金属离子都可以作为电子供体为微生物固碳提供能量[198]。Ingvorsen 等人的关于富营养湖泊中细菌产氢动力学的研究结果表明，电子供体的种类对沉积物表面的硫酸盐还原细菌的硫还原能力有显著影响[199]。Lauterbach 等研究发现 Ralstonia eutropha 在将电子供体 H_2 氧化产生 ATP(即能量)的同时，利用 H_2 将 NAD^+ 还原为 NADH(即还原力)[200]，最后 Ralstonia eutropha 在卡尔文循环中将 ATP 和 NADH 用于 CO_2 的还原，从而将 CO_2

转变为细胞物质[88]。

本章研究从筛选可有效增强非光合微生物菌群固碳效率的电子供体入手，并以这些电子供体为基础构建适合非光合固碳微生物菌群的混合电子供体系统，以期获得更高的 CO_2 固定效率。此外，本章还考察了混合电子供体系统促进非光合微生物菌群固定 CO_2 的普遍性。

2.2　实验材料和方法

2.2.1　实验材料

2.2.1.1　化学试剂

本实验中所有化学试剂为分析纯，来自以下公司：

① 上海试剂一厂；

② 上海泗联化工厂；

③ 上海虹光化工厂；

④ 上海美兴化工有限公司；

⑤ 江苏强盛化工有限公司；

⑥ 国药集团化学试剂有限公司；

⑦ 上海润捷化学试剂有限公司；

⑧ 中国医药集团上海化学试剂公司；

⑨ 上海统亚化工科技发展有限公司。

2.2.1.2　生物试剂

本实验中所有生物试剂来源见表 2－1。

表 2－1 生物学试剂

名　　称	来　　源	备　　注
引物 8f	上海生工生物工程技术服务有限公司	细菌通用引物（全序列见下文）
引物 1492r		
引物 341f		
引物 534r		
引物 M13F		T 载体通用引物（全序列见下文）
引物 M13R		
引物 F7025′		氢氧化细菌引物（全序列见下文）
引物 R9913′		
土壤样品总 DNA 小量提取试剂盒	Omega	
PCR 体系	宝生物工程(大连)公司	
l-Hind III digest		
DL2,000 DNA Marker		
DGGE 体系	Sigma	
pMD 19－T 载体	宝生物工程(大连)公司	
PMD18－T 质粒载体	TaKaRa	
Escherichia coli Top10	实验室收藏	实验室常用宿主菌
SYBR® Premix Ex TaqTM 荧光定量试剂盒	宝生物工程(大连)公司	
博大泰克 B 型小量 DNA 片段快速胶回收试剂盒	北京博大泰克生物基因技术有限责任公司	

注：引物 8f：5′－AGAGTTTGATCCTGGCTCAG－3′。
引物 1492r：5′－GGTTACCTTGTTACGACTT－3′。
引物 341f(含 GC 夹)：
5′－CGCCCGCCGCGCGCGGCGGGCGGGGCGGGGGCACGGGGGGC。
CTAGGGGAGGCAGCAG－3′。
引物 534r：5′－ATTACCGCGGCTGCTGG－3′。
引物 M13F：5′－CGCCAGGGTTTTCCCAGTCACGAC－3′。
引物 M13R：5′－AGCGGATAACAATTTCACACAGGA－3′。
引物 F7025′：5′－GGAACATCAGTGGCGAAGG－3′。
引物 R9913′：5′－CAGGATGTCAAGGGATGGTA－3′。

2.2.1.3　培养基

本实验所有培养基配方见表 2－2。

表 2－2　培养基配方

组分		含量	备注
非光合微生物培养基	$(NH_4)_2SO_4$	5.0 g/L	培养基有磷酸缓冲体系 pH 6.2
	KH_2PO_4	1.0 g/L	
	K_2HPO_4	2.0 g/L	
	$MgSO_4 \cdot 7H_2O$	0.2 g/L	
	$CaCl_2$	0.01 g/L	
	$FeSO_4$	0.01 g/L	
	NaCl	20 g/L	
	微量元素混合液	2 mL	
微量元素混合液	$Na_2MoO_4 \cdot 2H_2O$	1.68 mg/L	
	H_3BO_3	0.4 mg/L	
	$ZnSO_4 \cdot 7H_2O$	1.0 mg/L	
	$MnSO_4 \cdot 5H_2O$	1.0 mg/L	
	$CuSO_4 \cdot 5H_2O$	7.0 mg/L	
	$CoCl_2 \cdot 6H_2O$	1.0 mg/L	
	$NiSO_4 \cdot 7H_2O$	1.0 mg/L	
LB 培养基	酵母提取物	5 g/L	
	胰蛋白胨	10 g/L	
	NaCl	10 g/L	
LB/Amp/X－Gal/IPTG 平板培养基	酵母提取物	5 g/L	
	胰蛋白胨	10 g/L	
	NaCl	10 g/L	
	琼脂	15 g/L	
	IPTG	24 mg/L	灭菌冷却后加入
	X－gal	40 mg/L	
	氨苄青霉素	100 mg/L	

2.2.1.4 样品来源

本实验的菌种来源于前期实验中长期驯化的非光合微生物菌种[201]。

研究混合电子供体增效普遍性中所用的海水样品均取自多个海域的表层海水，样品采集地点见表2-3及图2-1。

表2-3 海水样品采集点

样品编号	采 样 地 点
1	花园码头，厦门，中国
2	九段沙，上海，中国
3	青岛，中国
4	大堡礁，澳大利亚
5	PP岛，普吉，泰国
6	帝王岛，普吉，泰国
7	南极
8	仙台，日本
9	巴布亚新几内亚，赤道
10	楚科奇海，北极
11	亚龙湾，海南，中国
12	加莱海滩，法国

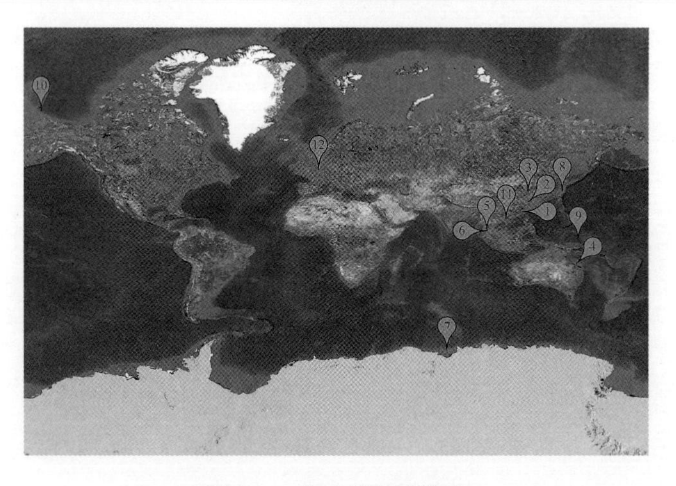

图2-1 海水样品采集点

2.2.1.5　仪器与设备

本实验使用的仪器与设备名称及产地见表 2－4。

表 2－4　仪 器 与 设 备

名　　称	产　　地
赛多利斯 BS 224S 电子天平	北京赛多利斯仪器公司
JT 1001N 电子天平	上海精胜科学仪器有限公司
Eppendorf 移液器	德国艾本德股份公司
HZ－9310K 落地冷冻摇床	太仓华利达实验设备公司
GC－14B 气相色谱仪	日本岛津公司
pH 计 PHS－3C	上海雷磁仪器厂
LS－B50L 立式压力蒸汽灭菌器	上海医用核子仪器厂
85－2 恒温磁力搅拌器	上海司乐仪器有限公司
TQZ－312 台式全温振荡器	上海精宏实验设备有限公司
Forma 1029 厌氧培养系统	Thermo Electron corporation
超净工作台	Thermo Electron corporation
SPX－250B－G 微电脑光照培养箱	上海博迅实业有限公司医疗设备厂
LS－B50L 立式圆形压力蒸汽灭菌器	上海医用核子仪器厂
KR25i 高速离心机	Thermo Scientific Jouan
GZX－DH 电热恒温干燥箱	上海跃进医疗器械厂
TOCVCPH 总有机碳分析仪	日本岛津公司
3－L Applikon BioBundle 发酵系统	美国 Cole－Parmer Instrument Co.
UV－2802 型可见紫外分光光度计	上海尤尼柯仪器有限公司
琼脂糖凝胶电泳仪	上海生宏生物技术有限公司
Bio－RAD PCR 仪	Bio－Rad Laboratories
Thermo PCR 仪	Thermo Scientific
Rotor－Gene RG－3000A	Corbett Research
Thermo Scientific Sorvall T1 离心机	上海基因有限公司

续　表

名　　称	产　　地
UVP 凝胶成像系统	UVP
D-Code system 电泳仪	Bio-Rad Laboratories
FR-200 紫外与可见分析装置	上海复日科技有限公司
75-2A 微量振荡器	上海医用分析仪器厂
XW-80A 旋涡混匀器	上海医大仪器
ZD-9556 水平摇床	太仓市科教器材厂
超声波细胞破碎仪	宁波海曙科生超声设备有限公司

2.2.2　实验方法

2.2.2.1　非光合微生物的驯化

前期实验中筛选得到的好氧、厌氧非光合微生物菌群分别在好氧、厌氧条件下，于 3 L 的 Applikon BioBundle 发酵罐中被长期连续驯化培养。培养条件为 28℃，120 r/m，每隔 10 d 用新配置的灭过菌的培养基置换反应器中的 2 L 培养基。

2.2.2.2　非光合微生物的培养

在 150 mL 的血清瓶中加入 40 mL 培养基，用铝箔封口，121℃高压蒸汽灭菌 20 min。待培养基冷却至常温，接种微生物菌液，并用硅胶塞封口血清瓶。在不用氢气培养时，好氧条件为用注射器往血清瓶中打入 20%的 CO_2；厌氧条件为用 N_2 置换掉瓶中的空气，之后用注射器往血清瓶中打入 20%的 CO_2。使用氢气培养时，用 H_2 置换掉瓶中的空气，好氧条件为用注射器往血清瓶中分别打入 10%的 CO_2 及 10 %的 O_2；厌氧条件为用 N_2 置换掉瓶中的空气，之后用注射器往血清瓶中打入 20%的 CO_2。各条件下气相组成为无氢好氧(空气：CO_2＝80：20)、无氢厌氧(N_2：CO_2＝80：20)、有氢好氧(H_2：O_2：CO_2＝80：10：10)及有氢厌氧(H_2：CO_2＝80：20)，这些组成均在气相色谱验证过后采用。之后将血清瓶被放入恒温摇床，28℃，120 r/m 培养 96 h。培养过程中，经过 48 h 培养后，气相状态被重新调整到初始状态。

2.2.2.3　置换排气法配气

用硅胶管连接气瓶，并在硅胶管的另一头接上针头，将此针头通过硅胶塞插入血清瓶中，再将另一针头通过硅胶塞插入血清瓶中，以便排气。该针头可再接硅胶管、针头及血清瓶，实现多瓶同时充气和排气，如图 2-2 所示。

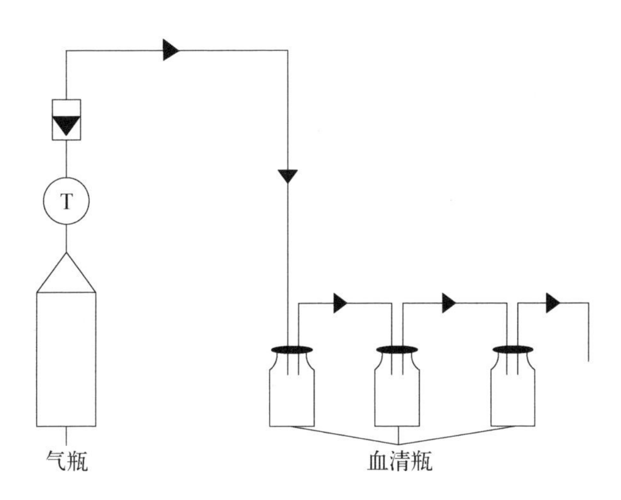

图 2-2　配气装置图

2.2.2.4　CO_2固定效率的测定

由于培养基中除了接种的微生物并不存在有机碳源，所以在培养后总有机碳的增加量即为 CO_2 的固定量。在研究中以总有机碳含量(Total Organic Carbon，简称 TOC)为测量指标，并以此衡量微生物的 CO_2固定效率。经过培养的微生物样品在测定 TOC 前，首先进行预处理。预处理步骤主要是先将培养后的样品经超声波细胞破碎仪处理 5 min，再用浓盐酸调节样品 pH 值至 4.0 左右，以去除无机碳影响。

2.2.2.5 菌液总 DNA 提取和 PCR

实验中微生物菌液的总 DNA 通过试剂盒提取，得到微生物的总 DNA。根据实验需要选择合适的引物对其进行 PCR 扩增，PCR 实验条件见表 2－5 和表 2－6。PCR 后使用琼脂糖凝胶电泳检测实验结果。琼脂糖凝胶电泳进行的步骤为取 0.14 g 琼脂糖粉末，加入 17 mL 的 1×TAE buffer，1×TAE buffer 由 50×TAE 稀释而成(表 2－7)。以微波炉加热完全溶解至没有颗粒状物质，静置降温至 45℃后随即倒在制胶器中，凝固后放置于装满 1×TAE buffer 的水平式电泳槽中，将 DNA 与 Loading Buffer 均匀混合后注入琼脂糖凝胶的凹槽中，以 150 V 电压电泳 15 min，之后将琼脂糖凝胶放置到 10 μg/mL EB 溶液中染色。利用核酸和荧光染料结合，且 EB 会吸收 245 nm 与 312 nm 波长的紫外光，置于紫外光照射下观察是否有 DNA 亮带。

表 2－5　PCR 反应体系

组　　分	含　量
10×Buffer	2.5 μL
上游引物	0.5 μL
下游引物	0.5 μL
dNTP	1 U
Taq 酶	0.125 μL
模板	50 ng
总体积(其余用去离子水补足)	50 μL

表 2－6　PCR 步骤

步　骤	条　　件
预变性	94℃，3 min
循环 (30 个循环)	Step 1：94℃，30 s
	Step 2：58℃，30 s
	Step 3：72℃，50 s
延伸	72℃，10 min
保存	4℃

表 2-7　缓冲液

名　称	成　　分	含　量	备　　注
50×TAE	Tris	242 g/L	磁力搅拌器搅拌 20～30 min，室温下保存
	冰醋酸	57.1 mL/L	
	0.5 M EDTA，pH 8.0	100 mL/L	

2.2.2.6　DNA 浓度测定

抽提出的非光合固碳微生物 DNA 浓度用紫外分光光度计测定，DNA 得率由 OD_{260} 确定，OD 值为 1 相当于大约 50 μg/mL 双链 DNA、40 μg/mL 单链 DNA 或大约 33 μg/mL 的单链寡核苷酸。根据 OD_{260} 值估算出抽提的非光合固碳微生物 DNA 的浓度，非光合固碳微生物 DNA 浓度转化成拷贝数/微升的具体算法参照式(2-1)：

$$\begin{matrix}\text{DNA 浓度}\\ (\text{拷贝数}/\mu L)\end{matrix} = \frac{\text{DNA 质量}}{\text{双链 DNA 分子的分子量}} \times \text{阿伏伽德罗常数} \tag{2-1}$$

式中，DNA 浓度的单位为 copy/μL；DNA 质量的单位为 g；双链 DNA 分子的分子量为 Dalton；阿伏伽德罗常数取 6.02×10^{23}。

DNA 纯度主要根据 OD_{260}/OD_{280} 的比值确定，其比值接近或大于 1.8 时，表示 DNA 样品纯度高，符合 PCR 检测要求；其比值远远小于 1.8 时，表示 DNA 样品纯度较低，不符合 PCR 检测要求。

2.2.2.7　实时荧光定量 PCR 检测

对获得的微生物总 DNA 进行定量 PCR 分析，以测定其中是否含有氢氧化细菌。待扩增的氢氧化细菌片段长度为 290 bp，上游引物为 F7025′，下游引物为 R9913′。建立 PCR 产物与模版 DNA 含量关系的标准方程。

具体过程为将对照样品(经紫外分光光度计分析已知浓度的非光合固碳微生物 DNA)进行逐级稀释,得出一系列已知非光合固碳微生物 DNA 含量的溶液。将这些已知浓度的非光合固碳微生物 DNA 溶液作为模版,与其他非光合固碳微生物 DNA 样品同时在相同条件下进行 PCR 扩增,由软件计算出样品模版 DNA 的相对含量,并以此绘制出模版 DNA 含量的变化曲线。定量 PCR 的具体实验条件见表 2-8 和表 2-9。

表 2-8 实时荧光定量 PCR 反应体系

组　分	含量/μL
SYBR® Green Realtime PCR Master Mix	10
引物 F7025′	0.4
引物 R9913′	0.4
模板	2
去离子水	7.2
总体积	20

表 2-9 实时荧光定量 PCR 步骤

步　骤	条　件
预变性	95℃, 10 min
循环(60 个循环)	Step 1: 95℃, 10 s
	Step 2: 55℃, 15 s
	Step 3: 72℃, 20 s
溶解	72℃～95℃, hold 45 s on the 1st step, hold 5 s on next steps

本次实验中氢氧化细菌的目的片段双链 DNA 分子的分子量为 89 655,OD_{260}等于 2.3,OD_{280}等于 0.9,OD_{260}/OD_{280}大于 1.8,符合 PCR 检测要求,其 DNA 质量为 1.15×10^{-7} g/μL,经计算,其 PCR 产物的 DNA 浓度为 7.72×10^{11} copy/μL,将其稀释后,取 10 的 6 次方、8 次方、10 次方浓度作为标线。

2.2.2.8 DGGE

双链 DNA 分子在一般的聚丙烯酰胺凝胶电泳时,其迁移行为取决于其分子大小和电荷。不同长度的 DNA 片段能够被区分开,但同样长度的 DNA 片段在胶中的迁移行为一样,因此不能被区分。变性梯度凝胶电泳

(DGGE)技术是在一般的聚丙烯酰胺凝胶基础上，加入了变性剂(尿素和甲酰胺)梯度，从而能够把同样长度但序列不同的 DNA 片段区分开来。一个特定的 DNA 片段有其特有的序列组成，其序列组成决定了其解链区域和解链行为。一个具有几百个碱基对的 DNA 片段一般有几个解链区域，每个解链区域由一段连续的碱基对组成。当变性剂浓度逐渐增加达到其最低的解链区域浓度时，该区域这一段连续的碱基对发生解链。当浓度再升高依次达到各其他解链区域浓度时，这些区域也依次发生解链。直到变性剂浓度达到最高解链区域浓度后，最高的解链区域也发生解链，从而双链 DNA 完全解链。

不同的双链 DNA 片段因为其序列组成不一样，所以其解链区域及各解链区域的解链浓度也是不一样的。当进行 DGGE 时，一开始变性剂浓度比较小，不能使双链 DNA 片段最低的解链区域解链，此时 DNA 片段的迁移行为和在一般的聚丙烯酰胺凝胶中一样。然而一旦 DNA 片段迁移到一特定位置，其变性剂浓度刚好能使双链 DNA 片段最低的解链区域解链时，双链 DNA 片段最低的解链区域立即发生解链。部分解链的 DNA 片段在胶中的迁移速率会急剧降低。因此，同样长度但序列不同的 DNA 片段会在胶中不同位置处达到各自最低解链区域的解链浓度，因此它们会在胶中的不同位置处发生部分解链导致迁移速率大大下降，从而在胶中被区分开来。然而，一旦变性剂浓度达到 DNA 片段最高的解链区域温度时，DNA 片段会完全解链，成为单链 DNA 分子，此时它们又能在胶中继续迁移。因此如果不同 DNA 片段的序列差异发生在最高的解链区域时，这些片段就不能被区分开来。在 DNA 片段的一端加入一段富含 GC 的 DNA 片段(GC 夹子，一般 30～50 个碱基对)可以解决这个问题。含有 GC 夹子的 DNA 片段最高的解链区域在 GC 夹子这一段序列处，它的解链浓度很高，可以防止 DNA 片段在 DGGE 胶中完全解链。当加了 GC 夹子后，DNA 片段中基本上每个碱基处的序列差异都能被区分开。

本实验选用10%浓度胶(适用于DNA分子量为100～300 bp的条带分离),变性剂浓度梯度选择30%～60%,具体实验步骤为:

(1) 取100 mL PCR产物加入到1.5 mL离心管中,再加入2.5倍体积的无水乙醇,4℃下放置2～3 h,离心(13 000 r/m,10 min),弃上清液,50℃下烘干,加25 μL去离子水,用微量振荡器振荡2～3 min,得到浓缩的DNA溶液。

(2) 将海绵垫固定在制胶架上,把类似“三明治”结构的制胶板系统垂直放在海绵上方,用分布在制胶架两侧的偏心轮固定好制胶板系统,短玻璃的一面正对着自己。

(3) 共有3根聚乙烯细管,其中两根较长的为15.5 cm,短的为9 cm。将短细管与Y形管相连,两根长细管则与小套管相连,并连在30 mL的注射器上。

(4) 在两个注射器上分别标记“高浓度”与“低浓度”,并安装上相关的配件,调整梯度传送系统的刻度到适当位置。

(5) 反时针方向旋转凸轮到起始位置。为设置理想的传送体积,旋松体积调整旋钮。将体积设置显示装置固定在注射器上并调整到目标体积设置,旋紧体积调整旋钮。

(6) 配制两种变性浓度(30%和60%)的丙烯酰胺溶液到两个离心管中。

(7) 每管加入18 μL TEMED,80 μL 10% APS,迅速盖上并旋紧帽后上下颠倒数次混匀。用连有聚乙烯管且标有“高浓度”的注射器吸取所有高浓度的胶,对于低浓度胶的操作同上。

(8) 通过推动注射器推动杆小心赶走气泡并轻柔晃动注射器,推动溶液至聚丙烯管的末端。操作时不能将胶液推出管外,以避免造成溶液损失,导致最后凝胶体积不够。

(9) 分别将高浓度、低浓度注射器放在梯度传送系统的正确一侧固定好，再将注射器的聚丙烯管同 Y 形管相连。

(10) 恒定匀速且缓慢地推动凸轮，以使溶液恒速的被灌入到“三明治”式的凝胶板中。

(11) 小心插入梳子，室温下放置过夜(或 50℃下烘 2 h)使凝胶聚合，并将电泳控制装置打开，预热电泳缓冲液至 60℃。

(12) 迅速清洗用完的设备。

(13) 聚合完毕后取走梳子，将胶放入到电泳槽内，清洗点样孔，盖上温度控制装置使温度上升到 60℃。

(14) 用注射针点样。

(15) 电泳(80 V，15 h)。

(16) 电泳完毕后，先拨开一块玻璃板，然后将胶放入盘中。用去离子水冲洗，使胶和玻璃板脱离。

(17) 倒掉去离子水，加入 250 mL 固定液(10%乙醇，0.5%冰醋酸)中，放置 15 min。

(18) 倒掉固定液，用去离子水冲洗两次后加入 100 μL 的 10 μg/mL EB 和 250 mL 50×TAE 放置在摇床上摇荡，染色 15 min。

(19) 倒掉染液，用去离子水冲洗两次。

(20) 放入紫外与可见分析装置(或 UVP 凝胶成像系统)待条带出现后拍照。

通过 Quantity One 4.6.2 (BioRad, USA)比较 DGGE 中的不同条带，并利用戴斯系数(Dice coefficient，Cs)比较不同泳道间的相似性，戴斯系数由式(2-2)得来。

$$Cs = (2L/L_0) \times 100\% \quad (2-2)$$

式中，L 代表不同泳道间重复的条带数；L_0代表两条泳道所有条带总数。

DGGE 试剂见表 2-10。

表 2-10 DGGE 试剂

<table>
<tr><th>名　称</th><th colspan="2">成　分</th><th>备　注</th></tr>
<tr><td rowspan="3">40% Acrylamide/Bis (37.5∶1)</td><td>Acrylamide</td><td>38.93 g</td><td rowspan="3">配制好溶液后用0.45 μ孔径滤器过滤,4℃下保存</td></tr>
<tr><td>Bis-acrylamide</td><td>1.07 g</td></tr>
<tr><td>ddH_2O</td><td>to 100 mL</td></tr>
<tr><td rowspan="3">0%变性剂溶液 (10% gel)</td><td>40% Acrylamide/Bis</td><td>25 mL</td><td rowspan="8">磁力搅拌器搅拌10～15 min,可在4℃下避光保存约1个月</td></tr>
<tr><td>50×TAE</td><td>2 mL</td></tr>
<tr><td>ddH_2O</td><td>to 100 mL</td></tr>
<tr><td rowspan="5">100%变性剂溶液 (10% gel)</td><td>40% Acrylamide/Bis</td><td>25 mL</td></tr>
<tr><td>50×TAE</td><td>2 mL</td></tr>
<tr><td>Formamide (deionized)</td><td>40 mL</td></tr>
<tr><td>Urea</td><td>42 g</td></tr>
<tr><td>ddH_2O</td><td>to 100 mL</td></tr>
</table>

2.2.2.9 胶回收

对 DGGE 胶板上条带进行克隆测序前,首先需要通过胶回收纯化,使条带 PCR 产物中的引物或者引物二聚体连同其他杂质一同去除。胶回收采用博大泰克 B 型小量 DNA 片段快速胶回收试剂盒回收,其具体步骤如下:

(1) 在 DGGE 胶板上选择有代表性条带,并在紫外与可见分析装置中割胶,将割下条带置于 1.5 mL 离心管中,去离子水冲洗两次,加 30 μL 去离子水,并将胶捣碎。

(2) 以胶液为模板进行 PCR 扩增,并将全部产物进行琼脂糖凝胶电泳,在紫外光照射下观察到 DNA 亮带,割下条带,置于 1.5 mL 离心管中。

(3) 加 1 mL 溶胶液,置于 55℃水浴 10 min(每隔 1～2 min 上下颠倒一次)。

(4) 加 300 μL 异丙醇，加热 1～2 min，装柱离心(12 000 r/m，30 s)，将废液再次离心(可使回收率从原来的 75%提高到 85%)。

(5) 加 500 μL 漂洗液漂洗，离心(12 000 r/m，30 s)，再次漂洗，倒掉废液，离心(12 000 r/m，2 min)。

(6) 在柱中央加入 30 μL 洗脱缓冲液，室温下静置 1～2 min，离心(12 000 r/m，2 min)，将洗脱液回收并再次加入到柱中央，室温下静置 1～2 min，离心(12 000 r/m，2 min)，得到目的液。

2.2.2.10　克隆测序

待测序 DNA 的 PCR 产物经过纯化连接到载体 pMD 19 - T，转化 E. coli Top10 感受态细胞，在含有 X - gal、IPTG 和氨苄青霉素的 LB 培养基上选择具有氨苄青霉素抗性的白色转化子。采用 T 载体通用引物 M13F 和 M13R 进行 PCR 鉴定，产物片段大小与预期一致的为阳性克隆。再以阳性克隆的 PCR 产物为模板进行 DGGE，与原来的条带在同一位置的克隆即为真正的阳性克隆。交由上海英骏生物公司进行测序。

克隆实验的具体步骤如下：

(1) 取 0.5 μL DNA 插入片段加到微量离心管中，再加 0.5 μL pMD 19 - T 载体和 4 μL dH_2O。

(2) 加入 5 μL Solution Ⅰ。

(3) 16℃反应 30 min(若置于室温，则适当延长反应时间)。

(4) 全量(10 μL)加入至 100 μL 感受态细胞中，冰上放置 30 min。

(5) 42℃加热 45 s，冰上放置 1 min。

(6) 加入 890 μL LB 培养基，37℃振荡培养 60 min。

(7) 在含有 X - gal、IPTG 和氨苄青霉素的 LB 培养基上培养，形成单菌落。

(8) 挑选白色菌落，用 PCR 确认载体中插入片段的长度大小。

2.2.2.11 构建系统发育树

测序结果在 NCBI 核酸序列数据库中进行序列同源性比较，通过 MEGA 5.05 软件做多重序列比对分析，以最大似然法构建系统发育树，以对各菌株做分子进化研究。

2.2.2.12 单因素响应面实验

在前期实验中，筛选得到大量可作为电子供体的无机化合物。结果表明 $NaNO_2$、$Na_2S_2O_3$ 和 Na_2S 可有效增强微生物的固碳效率。在本实验中，采用软件 Design-Expert® 7.1.3 (Stat-Ease, Inc., Minneapolis, USA)设计实验和分析实验结果。通过单因素响应面法设计(One-factor Response Surface Methods Design)研究好氧和厌氧条件下 $NaNO_2$、$Na_2S_2O_3$ 以及 Na_2S 三个电子供体各自在浓度 0.00%～1.00%(在软件中则为−1 到+1 水平)范围内对微生物固碳效率的影响。实验中，每个样品有 3 个重复样，其中偏差较大的那个样品的数值被删除，只保留两个数值相近的样品结果，以提高样品的准确性[202]。

2.2.2.13 D-最优混合实验

实验中采用 D-最优混合设计(D-optimal Mixture Design)考察好氧、厌氧条件下 $NaNO_2$、$Na_2S_2O_3$ 和 Na_2S 三个电子供体间可能存在的交互作用，实验设计条件见表 2-11。

表 2-11 D-最优混合设计

Low	≤	Constraint	≤	High
0.00	≤	A: $NaNO_2$	≤	1.00
0.00	≤	B: $Na_2S_2O_3$	≤	1.00
0.00	≤	C: Na_2S	≤	1.00
—	—	A+B+C	=	1.00

注：单位为%，*W*/*V*。

2.2.2.14　中心组合响应面法

采用响应面法（Response Surface Methodology，RSM）中的中心组合设计（Central Composite Design，CCD）研究好氧、厌氧条件下 $NaNO_2$、$Na_2S_2O_3$ 和 Na_2S 三个电子供体同时加入时的最优浓度，同时在该浓度下微生物的固碳效率可以得到最优化。优化实验包括 6 个中心点，共 20 组实验，分别在好氧、厌氧条件下进行。所有变量包括有一个中央编码（0）。实验设计见表 2－12 和表 2－13。为了进行统计计算，各变量实际值 X_i 被编码为 x_i，两者的关系式见式（2－3）。

$$x_i = (X_i - X_0)/\Delta X \qquad (2-3)$$

式中，x_i 是独立变量的量纲值；X_i 代表实际的独立变量值；X_0 为 X_i 在中心点时的值；ΔX 为步长。

表 2－12　好氧条件下中心组合实验

Name	Units	−1 level	+1 level
A：$NaNO_2$	%，*W*/*V*	0.25	0.75
B：$Na_2S_2O_3$	%，*W*/*V*	0.50	1.00
C：Na_2S	%，*W*/*V*	0.75	1.25

表 2－13　厌氧条件下中心组合实验

Name	Units	−1 level	+1 level
A：$NaNO_2$	%，*W*/*V*	0.55	1.05
B：$Na_2S_2O_3$	%，*W*/*V*	0.60	1.10
C：Na_2S	%，*W*/*V*	0.75	1.25

RSM 对于实验数据的分析是通过如下二阶多项式方程进行的。

$$y = \beta_0 + \sum_{i=1}^{n}\beta_i X_i + \sum_{i=1}^{n}\beta_{ii} X_i^2 + \sum \sum_{i<j=1}^{n}\beta_{ij} X_i X_j \qquad (2-4)$$

式中，y 是响应值（TOC，mg/L）；X_i 和 X_j 是编码的独立变量；β_0、β_i、β_{ii} 和 β_{ij} 分别是截距、线性、二次及交互常数系数。Design Expert 被用于实验数据的回归分析和方差分析（ANOVA）。

2.3 实验结果与讨论

2.3.1 不同电子供体对非光合微生物固碳和群落结构的影响

S^{2-}、$S_2O_3^{2-}$ 和 NO_2^- 可作为自养微生物的电子供体，将 Na_2S、$Na_2S_2O_3$ 或 $NaNO_2$ 按 0.2%用量加入培养基，接种非光合微生物并分别在好氧、厌氧条件下培养，结果如表 2-14 所示。对于不同筛选源的微生物菌群，各电子供体具有不同的影响效果，但其对微生物的固碳效率以促进为主。好氧条件下，$Na_2S_2O_3$ 的促进效果最强，其次是 Na_2S；厌氧条件下，$Na_2S_2O_3$ 的促进效果最强，其次是 $NaNO_2$。

表 2-14 各电子供体对微生物固碳效率影响*

电子供体	海水**		沉积物**	
	好氧培养	厌氧培养	好氧培养	厌氧培养
$NaNO_2$	50%	140%	110%	180%
$Na_2S_2O_3$	270%	390%	280%	400%
Na_2S	170%	300%	110%	100%

* 表中结果以基本培养基下的微生物固碳效果为对照；

** 表示微生物菌群筛选源。

各电子供体促进微生物固碳效果的幅度不同，可能是因为每个电子供体对微生物的作用强度或作用对象不同所造成。倘若是作用对象不同造成的，则在利用由多种电子供体构成的混合电子供体时，微生物的固碳效率可能得到进一步的提高。为考察这一情况的可能性，实验中对不同电子供体培养条件下的微生物菌群结构通过 PCR－DGGE 的方法进行研究。实验结果见图 2－3。

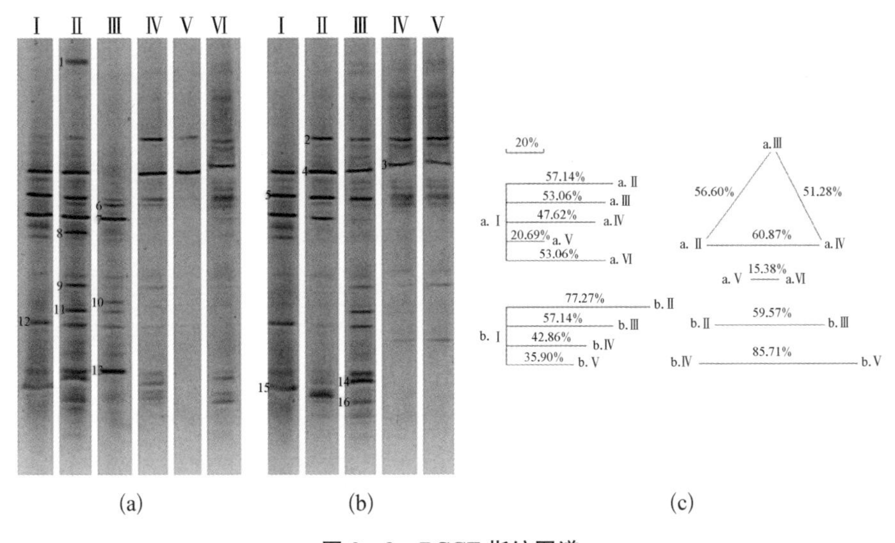

图 2－3　DGGE 指纹图谱

图中(a) 微生物筛选自海水，其中Ⅰ是初始菌种；Ⅱ是好氧条件下使用 H_2 和 Na_2S 培养的微生物；Ⅲ是好氧条件下使用 Na_2S 培养的微生物；Ⅳ是好氧条件下使用 $Na_2S_2O_3$ 培养的微生物；Ⅴ是厌氧条件下使用 Na_2S 培养的微生物；Ⅵ是厌氧条件下使用 $Na_2S_2O_3$ 培养的微生物；(b) 微生物筛选自海水沉积物，其中Ⅰ是初始菌种；Ⅱ是好氧条件下使用 H_2 和 Na_2S 培养的微生物；Ⅲ是好氧条件下使用 Na_2S 培养的微生物；Ⅳ是厌氧条件下使用 $Na_2S_2O_3$ 培养的微生物；Ⅴ是厌氧条件下使用 $NaNO_2$ 培养的微生物；图(a)、(b)中的数字标记代表该条带被割胶、重新 PCR 扩增并且测序；(c) 各泳道间的戴斯系数，a、b 代表结果来自图(a)或(b)；Ⅱ、Ⅲ、Ⅳ、Ⅴ和Ⅵ则代表图(a)或(b)中各泳道。

从图 2－3 可见，在不同培养条件下微生物菌群群落结构间有较大的差异。这表明同样的初始菌种，在气相条件一致时，对于不同电子供体，微生物菌群的群落结构产生了不一样的响应。通过戴斯系数可以清楚地辨别出代表不同培养条件下微生物群落结构的不同泳道间的相似性（如图2-3c所示）。所有不同培养条件下的微生物群落与初始群落的相似性40%～60%。而相同气相条件下不同电子供体培养的微生物群落间的相似性40%～50%。显然，电子供体对于微生物群落结构具有显著影响。从图中条带位置可见，对于不同电子供体，微生物群落结构的响应也不同。

将图2-3(a)，(b)中的优势条带从DGGE凝胶切割下来，然后PCR扩增、纯化并克隆测序。测序结果上传到GenBank通过BLAST系统搜索相似序列，结果见表2-15。

表2-15　DGGE中优势条带16S rDNA V3区最相似DNA序列

条带	GenBank中最相似条带（序列号）	相似性/%	lanes for the appearance of the prominent band (+)										
			a. Ⅰ	a. Ⅱ	a. Ⅲ	a. Ⅳ	a. Ⅴ	a. Ⅵ	b. Ⅰ	b. Ⅱ	b. Ⅲ	b. Ⅳ	b. Ⅴ
1	Uncultured bacterium clone (EU509144)	96		+									
2	Marine bacterium “Isolate 5” (AY082665)	98		+		+	+			+	+	+	+
3	Uncultured bacterium (EU574677)	98						+				+	+
4	Marine bacterium HP22 (AY239006)	99	+	+		+	+		+	+	+		
5	Uncultured bacterium (AY328485)	97	+	+				+	+	+	+		
6	Uncultured bacterium clone (EU857874)	90		+	+	+		+		+		+	+
7	Uncultured *Pseudomonas* sp. (AF467304)	100	+	+	+				+	+			

续　表

条带	GenBank 中最相似条带（序列号）	相似性 /%	lanes for the appearance of the prominent band (+)										
			a. Ⅰ	a. Ⅱ	a. Ⅲ	a. Ⅳ	a. Ⅴ	a. Ⅵ	b. Ⅰ	b. Ⅱ	b. Ⅲ	b. Ⅳ	b. Ⅴ
8	Uncultured bacterium (EU652656)	96		+									
9	*Alpha* proteobacterium DG1293 (DQ486505)	99		+		+					+		+
10	Uncultured *Thioclava* sp. (EU167470)	98			+								
11	Uncultured *gamma* proteobacterium (AY711683)	99		+	+								
12	Uncultured *Stenotrophomonas* bacterium (EF562149)	98	+	+	+				+	+	+		
13	Uncultured bacterium (AB244004)	98		+	+								
14	Marine *alpha* proteobacterium RS. Sph. 020 (DQ097294)	99			+						+		
15	Uncultured bacterium (EF034329)	97	+			+			+				
16	Marine bacterium SE83 (AY038922)	99						+			+		

从表中结果可知，在测序的 16 个条带中，有 11 个条带的序列是属于不可培养微生物，也就是说这些微生物只有在共生条件下才能生存。而由这些共生菌所构成的非光合微生物的固碳效率也许可以这些共生菌间的交互作用中获取一个叠加效应，从而得到进一步的提升。此外，相比初始菌群结构，在加入不同电子供体后，出现了很多新的优势菌条带(如图 2－3(a)，(b)中条带 1、2、3、8、9、10、11、13、14 及 16)。在优势菌条带中有些具有电子供体特异性，即随着加入特定的电子供体，该菌在菌群群落中成为

优势菌。如图 2-3(a)Ⅲ中的 10 号条带，属于 Thioclava，是一种典型的可利用 S^{2-} 的微生物（培养过程中以 S^{2-} 为电子供体）。另外，有些优势菌条带并没有这种特异性，它们在初始菌群中就存在，但并不是优势菌，然而在加入任一种电子供体后，它成为优势菌，如图 2-3(b)中的 2 号条带及在垂直水平上在 2 号条带下方位置的一条未测序条带。需要说明的是，虽然在条带测序过程中，只测定了一个样品，并没有对不同泳道同一垂直水平位置的其他条带进行测序。但是根据 DGGE 技术的原理，并考虑到所有泳道的初始菌群结构是完全一样的，所以在同一垂直位置的条带被认为具有相同的 DNA 序列，即同一种微生物。非光合微生物菌群群落结构随着电子供体而改变的原因可能是这些为微生物提供能量以及还原力的电子供体的氧化过程不同。不同的电子供体对应非光合固碳微生物菌群中不同的菌种，这些菌种对特定的电子供体具有特异性。而另一些非特异性菌种却可以响应所有的电子供体。这一结果表明非特异性菌可以有效利用不同的电子供体。但这似乎并不可能，因为微生物对于利用无机电子供体的能力是有限的。另一种可能的解释是，这些非特异性菌具有更高效的合成代谢途径，它可以有效利用由特异性菌氧化电子供体所产生的能量和电子以更高效地固定 CO_2。如果此假设成立，则这两种微生物（特异性菌种和非特异性菌种）组成了一个高效的固碳系统，类似于地衣或菌根是属于一种共生系统。基于表中序列并采用最大似然法(Maximum likelihood)构建的系统发育树（图 2-4）中各菌种的进化距离可以辨别出，距离较近的菌种其亲缘关系较近，代谢方式也较相似，而距离较远，即亲缘关系较远的菌种在代谢方式上可能存在较大差异，而这种差异可能意味着非光合微生物菌群拥有较丰富的代谢方式，在同时加入多种电子供体后，能进一步提高微生物固定 CO_2 的效率。上述结果表明 3 种电子供体对应着菌群中不同的优势菌，因此将这 3 种电子供体组成一个混合电子供体，则与其对应的可能产生一个新的微生物菌群群落结构，该群落可能具有更好的 CO_2 固定效

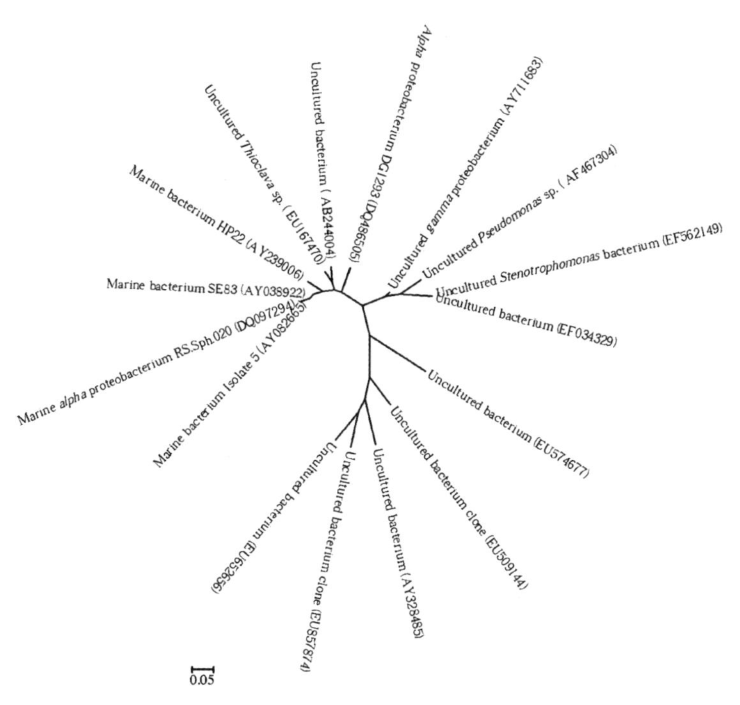

注：0.05为进化距离

图2-4　基于表2-15中序列构建的系统发育树

果。这也表明，对于固定CO_2，微生物的初始群落结构越丰富越好。所以，将从不同采样点的海水及海水沉积物中筛选得到的非光合微生物菌群混合到一起，并加以长期驯化，以期获得一个对混合电子供体有更好响应的非光合固碳微生物菌群。

2.3.2　非光合微生物菌群固碳过程中各种电子供体的最佳效应浓度

当CO_2作为微生物唯一碳源时，它不能为微生物提供能量，微生物只能从无机物的氧化过程中得到能量。因此，能源的输入被认为是微生物固定CO_2的重要限制因素[203]。由于上节实验结果已表明$NaNO_2$、$Na_2S_2O_3$和Na_2S对非光合微生物固定CO_2有较好增效作用，且非光合微生物菌群的多样性越丰富，固碳途径的活性可能更强。因此本节中采用单因素

RSM 实验设计，分别研究了好氧和厌氧条件下 3 个电子供体的最佳效应浓度。

2.3.2.1 好氧条件下各种电子供体的最佳效应浓度

根据对实验数据进行回归分析的结果，好氧条件下使用不同电子供体培养，固碳微生物固定CO_2的效率 TOC 可以由下列公式表示：

$$\mathrm{TOC} = 2.10 + 0.34\mathrm{A} - 5.22\mathrm{A}^2 - 0.76\mathrm{A}^3 + 15.16\mathrm{A}^4 + 0.82\mathrm{A}^5 - 10.29\mathrm{A}^6$$
$$(R^2 = 0.990\,4,\ \text{adjusted}\ R^2 = 0.982\,2,\ \text{predicted}\ R^2 = 0.961\,6) \tag{2-5}$$

$$\mathrm{TOC} = 2.44 + 2.26\mathrm{B} - 4.64\mathrm{B}^2 - 2.72\mathrm{B}^3 + 17.64\mathrm{B}^4 + 1.15\mathrm{B}^5 - 13.39\mathrm{B}^6$$
$$(R^2 = 0.991\,1,\ \text{adjusted}\ R^2 = 0.983\,5,\ \text{predicted}\ R^2 = 0.964\,4) \tag{2-6}$$

$$\mathrm{TOC} = 2.87 - 0.61\mathrm{C} - 4.63\mathrm{C}^2 + 4.21\mathrm{C}^3 + 12.87\mathrm{C}^4 - 2.30\mathrm{C}^5 - 8.47\mathrm{C}^6$$
$$(R^2 = 0.981\,3,\ \text{adjusted}\ R^2 = 0.965\,2,\ \text{predicted}\ R^2 = 0.925\,1) \tag{2-7}$$

在式(2－5)、式(2－6)和式(2－7)中，A 代表$NaNO_2$浓度；B 代表$Na_2S_2O_3$浓度；C 代表Na_2S浓度。

通过方差分析得到 3 个回归方程的R^2值(复相关系数)，分别是式(2－4)的 0.990 4、式(2－5)的 0.991 1、式(2－6)的 0.981 3，表明模型与实验数据高度拟合。R^2值表示样品 TOC 变化的 99.04%、99.11%和 98.13%。可以归结为由于各因素的原因，相对地，只有 0.96%、0.89%和 1.87%的总变化不能由构建的模型解释。这些方程的调整R^2(adjusted R^2)分别为 0.982 2、0.983 5 和 0.965 2。预测R^2(predicted R^2)分别为 0.961 6、0.964 4 和 0.925 1。对一个好的模型，R^2需要接近 1，而调整R^2和预测R^2相互之间的差值要在 0.2 之间。上述 3 个模型都符合这些标准，属于较好的模型。

3 个电子供体实验结果的回归方程曲线如图 2－5 所示。从图 2－5(a)、图 2－5(b)和图 2－5(c)可见，与对照样(即只以基本培养基培养，不加其他电子供体)相比，各电子供体的加入有效增强了微生物固定 CO_2 的效率。需要说明的是，在基本培养基中的 NH_4^+ 除了可以作为氮源外，也可以作为化能自养微生物的电子供体。但是 NH_4^+ 仅能释放出有限的能量。而且在前期筛选有效电子供体的实验证明 NH_4^+ 的加入并不能增强微生物的固定 CO_2 的效率。原因可能是在基本培养基中存在 NH_4^+，作为电子供体，它的效果已经达到最高峰值，继续增加 NH_4^+ 并不能增强它的效果。从对照样的 TOC 数值也可知 NH_4^+ 的效果不好。所以在培养基中，NH_4^+ 主要被认为作为氮源。此外，在厌氧条件下，厌氧氨氧化是个高度放能反应，这一点在厌氧实验中再详细讨论。

从图 2－5 可见，各电子供体($NaNO_2$、$Na_2S_2O_3$ 和 Na_2S)实验设计点的最佳 TOC 数据与对照样相比分别提高了约 60％、163％和 192％。通过比较回归曲线的模拟值，$Na_2S_2O_3$ 和 Na_2S 的最佳效果相似，都可以使非光合

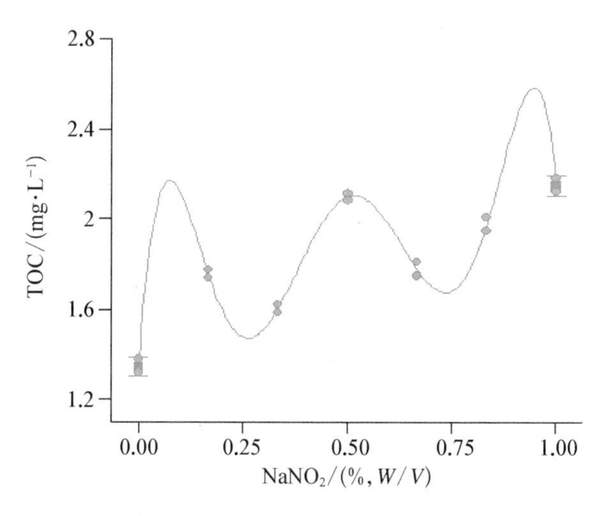

(a) 好氧条件下使用 $NaNO_2$ 为电子供体时样品的 TOC

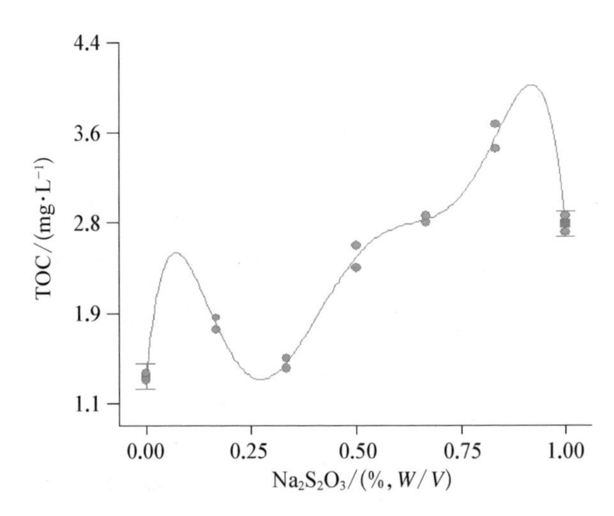

(b) 好氧条件下使用$Na_2S_2O_3$为电子供体时样品的 TOC

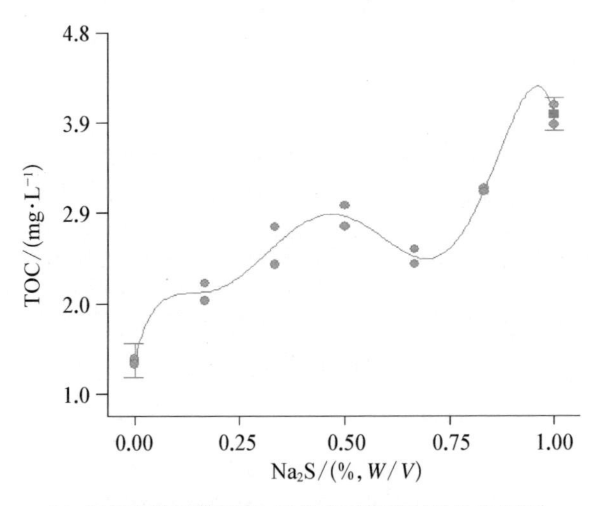

(c) 好氧条件下使用Na_2S为电子供体时样品的 TOC；
各样品的初始 TOC 均为 0.30 mg/L

图 2－5

微生物的固碳效率增强约 200%，而 $NaNO_2$ 则稍差，只有 $Na_2S_2O_3$ 和 Na_2S 增强效果的一半。此外，这 3 种电子供体氧化时所释放的能量($NaNO_2$，$\Delta G^{0'}=-74.1$ kJ/reaction；$Na_2S_2O_3$，$\Delta G^{0'}=-818.3$ kJ/reaction；Na_2S，$\Delta G^{0'}=-798.2$ kJ/reaction)与其总体增强效果相关，而且也是整个反应的

限制性因素。这个相关性主要体现在 $Na_2S_2O_3$ 和 Na_2S 是一种优质能源，单位浓度氧化时能释放出较多能量，即电子供体的增强效果与能量的性质(优或劣)有关。当 $NaNO_2$ 作为电子供体时，在不同浓度下，其 TOC 值有 3 个峰值，而且 TOC 数值相近，分别出现在 0.1%、0.5% 和 0.9% 浓度时。而 $Na_2S_2O_3$ 和 Na_2S 分别有两个峰值。但它们的最高峰值都出现在浓度为 0.9% 时，另一个峰值则出现在了不同位置。

出现多个峰值可能有多种原因。非光合微生物菌群是由多种微生物构成，不同微生物对于同一种电子供体的最佳浓度可能不同，当多种微生物同时存在时则会出现多个响应峰值。同样，不同微生物在需要氧气和氧敏感之间的最佳平衡点也不一样，这可能也是造成多个峰值的原因之一。另外，Na_2S 加入培养基后，会产生多个衍生物，如 HS^- 等。而且 S^{2-} 的氧化过程是逐步进行的，在过程中会出现 S^0。S^{2-}、S^0 和 HS^- 的浓度主要取决于 Na_2S 的初始加入浓度。根据不同的硫歧化反应，$S_2O_3^{2-}$ 可以生成 S^{2-}、S^0 和 SO_3^{2-} 等。微生物对于不同衍生物的最佳浓度很可能是不一样的，所以这些衍生物也是产生多个峰值的原因之一。不同电子供体的峰值区可以为之后构建最佳混合电子供体提供参考。

2.3.2.2　厌氧条件下各种电子供体的最佳效应浓度

虽然 O_2 是一个很好的电子受体，它处于电子塔的底端，所以从理论上，将 O_2 作为电子受体时，可以比其他电子受体释放出更多能量。但是在已知的 6 个 CO_2 固定途径中，有不少关键酶是氧敏感性的。也有研究推测自养微生物在好氧/缺氧界面可能生长得更好[88]。地球上第一个生物体就是严格厌氧菌，从进化上来讲，厌氧自养化途径可能比好氧自养化途径更早出现。所以与好氧条件相比，非光合微生物在厌氧或缺氧条件下固定 CO_2 更具有优势。此外，厌氧条件下固定 CO_2 可应用于一些氧气浓度较低及 CO_2 浓度较高的环境，如土壤环境[60]和烟道气[204]，甚至可以直接应用于处理封存的CO_2[205]。因此研究非光合微生物在厌氧或缺氧条件下固定CO_2具有重要意义。通过设计单因素RSM实验来分别寻找3个电子供体在厌氧条件下的最佳浓度。

对实验结果进行回归分析,厌氧条件下使用不同电子供体培养,固碳微生物固定CO_2的效率TOC可以由下列公式表示:

$$TOC = 1.40 - 0.041A - 2.24A^2 + 1.51A^3 + 8.15A^4 - 1.26A^5 - 5.99A^6$$
$$(R^2 = 0.9527,\ \text{adjusted } R^2 = 0.9121,\ \text{predicted } R^2 = 0.8107) \tag{2-8}$$

$$TOC = 1.22 + 0.71B - 0.49B^2 - 2.36B^3 + 5.20B^4 + 1.97B^5 - 4.50B^6$$
$$(R^2 = 0.9701,\ \text{adjusted } R^2 = 0.9444,\ \text{predicted } R^2 = 0.8803) \tag{2-9}$$

$$TOC = 2.38 + 1.47C - 3.44C^2 - 0.96C^3 + 10.65C^4 + 0.37C^5 - 7.60C^6$$
$$(R^2 = 0.9901,\ \text{adjusted } R^2 = 0.9817,\ \text{predicted } R^2 = 0.9606) \tag{2-10}$$

在式(2-8)—式(2-10)中,A代表$NaNO_2$浓度;B代表$Na_2S_2O_3$浓度;C代表Na_2S浓度。

通过方差分析得到3个回归方程的R^2值,分别是式(2-4)的0.952 7、式(2-5)的0.970 1、式(2-6)的0.990 1,表明模型与实验数据高度拟合。R^2值表示样品TOC变化的95.27%、97.01%和99.01%可以归结为由于各因素的原因,相对地,只有4.73%、2.99%和0.99%的总变化不能由模型解释。方程的调整R^2分别为0.912 1、0.944 4和0.981 7。预测R^2分别为0.810 7、0.880 3和0.960 6。对一个好的模型来讲,R^2需要接近1,而调整R^2和预测R^2相互之间相差要在0.2之间。这3个模型都符合标准,属于较好的模型。

3个电子供体在厌氧条件下的实验结果及回归方程曲线如图2-6所

示。图 2 - 6(a)为厌氧条件下使用 $NaNO_2$ 为电子供体时样品的 TOC；图 2 - 6(b)为厌氧条件下使用 $Na_2S_2O_3$ 为电子供体时样品的 TOC；图 2 - 6(c)为厌氧条件下使用 Na_2S 为电子供体时样品的 TOC；各样品的初始 TOC 均为 0.19 mg/L。

从图中可见，和对照样(即只以基本培养基培养，不加其他电子供体)相比，各电子供体的加入有效增强了微生物固定 CO_2 的效率。各电子供体实验设计点的最佳 TOC 值与对照样相比，$NaNO_2$ 的效果为提高了约 90%；$Na_2S_2O_3$ 的效果提高了约 75%；Na_2S 的效果提高了约 207%。厌氧条件下 $NaNO_2$ 和 Na_2S 的最佳效果与其在好氧条件下相似，而 $Na_2S_2O_3$ 的最佳效果只有在好氧条件下最佳效果的一半左右。与好氧条件下相似，当 $NaNO_2$ 作为电子供体时，在不同浓度下，TOC 有 3 个峰值分别出现在浓度为 0.1%、0.5% 和 0.9% 时；$Na_2S_2O_3$ 和 Na_2S 则分别有两个峰值，同样分别出现在浓度为 0.1% 和 0.9% 时。

厌氧条件下产生多个峰的原因可能与好氧条件下一样。唯一不同的可能是在厌氧条件下 NO_2^- 不仅仅作为电子供体，同时还具有电子受体的作

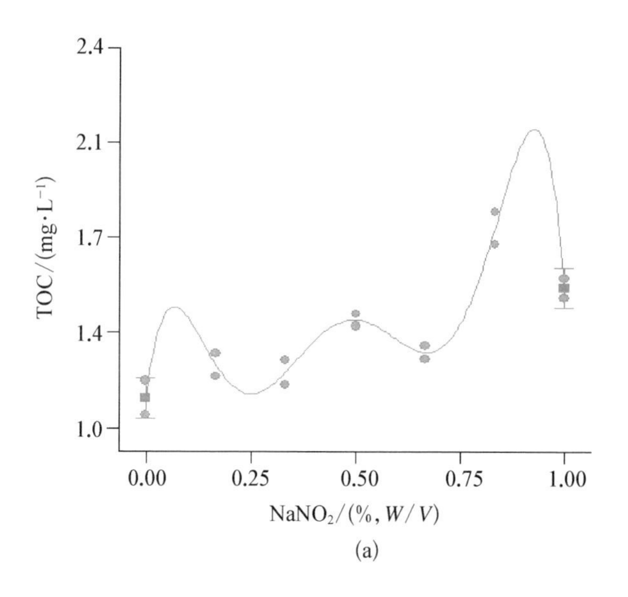

(a)

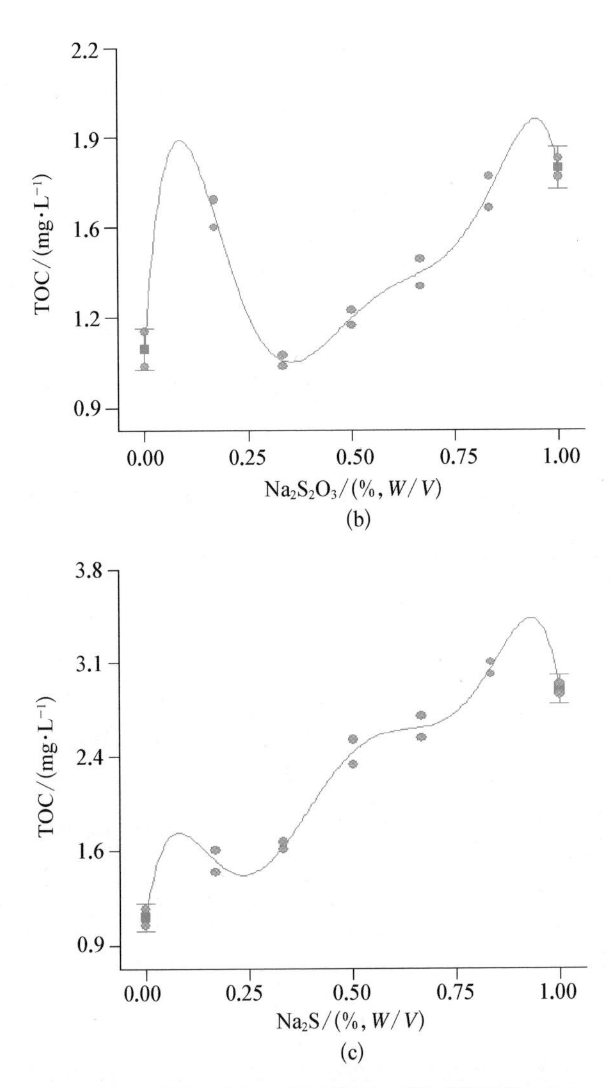

图 2-6 厌氧条件下使用不同电子供时样品的 TOC

用，这在后续章节中再详细讨论。电子供体的多种功能也可能是造成多个峰的原因之一。不同电子供体的峰值区可以为构建最佳混合电子供体提供参考。厌氧氨氧化是个高度放能反应，所以在厌氧条件下需要考虑 NH_4^+ 作为电子供体的作用，但是该反应同样需要 NO_2^- 的参与才能进行，所以厌氧条件下 NH_4^+ 在能量方面所起到的作用也归结于 NO_2^-。

因为 O_2/H_2O 电偶联的还原性较强，所以它与其他电子供体电偶联之间的 E_0' 相差较多，会释放出较多能量，这对于微生物固定 CO_2 十分有利。在厌氧条件下，需要有可以替代 O_2 的电子受体，该电子受体对电子供体有线性响应。实际上，在厌氧条件下这样的替代电子受体有很多。如 Thiobacillus sp. 在厌氧条件下可以使用 Fe^{3+} 作为电子受体[206]。在厌氧氨氧化的代谢反应中，NO_2^- 可以作为电子受体 ($NH_4^+ + NO_2^- \rightarrow N_2 + 2H_2O$)，同样在该过程的合成反应中 ($CO_2 + 2NO_2^- + H_2O \rightarrow CH_2O + 2NO_3^-$) NO_2^- 还可以作为电子供体[207]。SO_4^{2-} 也可以作为电子受体。本研究实验的反应体系中，Fe^{3+} 浓度较低，不过它可能作为可循环的中间电子受体被利用。Fe^{3+} 的还原产物 Fe^{2+} 可以作为一种电子供体被微生物用于固定 CO_2。

这里首先讨论在厌氧条件下，NO_2^- 的主要作用是作为电子供体，还是电子受体。如果主要作为电子受体，厌氧氨氧化所能释放的能量($\Delta G^{0'} = -357$ kJ/reaction)要远高于 NO_2^- 氧化所释放的能量($\Delta G^{0'} = -74.1$ kJ/reaction)，由此厌氧条件下微生物固定 CO_2 的效率也应该远高于其在好氧时的水平。但是通过比较图 2-5(a)和图 2-6(a)，情况并非如此。厌氧条件下微生物固定 CO_2 的效率与其在好氧时的水平相近。因此在厌氧条件下 NO_2^- 的主要作用还是作为电子供体。而在反应体系中，可能存在多个电子受体，如 SO_4^{2-} 虽然不能直接作为 $Na_2S_2O_3$ 和 Na_2S 氧化时的电子受体，但是通过多个氧化还原反应以及多个中间电子受体的传递，部分电子受体可能最终被 SO_4^{2-} 接受。厌氧条件下电子受体的问题较为复杂，仍需进一步深入研究。

虽然无氧呼吸产生能量的效率较低，但是比较图 2-5 和图 2-6 的结果可发现各电子供体在厌氧或好氧条件下对微生物固碳的最佳促进效果非常相近。这可能是因为在 CO_2 固定途径中，厌氧条件下几种有氧敏感性的关键酶酶活更高[208]。

在厌氧条件和好氧条件，虽然这些电子供体可以有效增加微生物固定CO_2的效率，但是当这些电子供体浓度已经达到较高水平时，微生物固碳效率的数值依然没有达到一个理想水平。既使进一步增加无机物浓度，微生物固定CO_2的效率，也没有得到进一步提高。所以对于混合微生物，混合电子供体可能具有更好的效果。

2.3.3 不同电子供体间的交互效应对微生物固碳效率的影响

之前的研究结果表明，$NaNO_2$、$Na_2S_2O_3$和Na_2S三种电子供体的加入可有效增加微生物固定CO_2的效率，而且对于不同的电子供体，非光合微生物群落结构有着不同的响应，这些响应似乎可以叠加。由此推测，若同时加入这3种电子供体可能会得到一个更好的固碳效果。但是该效果是由$NaNO_2$、$Na_2S_2O_3$和Na_2S的效果简单加和，还是存在不同电子供体间的交互作用而显著促进微生物固碳效果，本节通过D-最优混合实验研究3种电子供体间可能存在的交互作用及其对微生物菌群固碳效率的影响。

2.3.3.1 好氧条件下各电子供体间的交互作用

从图2-5和图2-6可知，各电子供体单体的最佳效果都在浓度为0.00%～1.00%，所以D-最优混合实验的浓度范围设定为0.00%～1.00%。对实验结果进行回归分析，好氧条件下同时添加3种电子供体，微生物固定CO_2的效率TOC可以由式(2-11)表示。

$$TOC = 1.95A + 2.57B + 3.92C - 1.08AB - 0.68AC - 1.23BC - 7.99A^2BC + 18.78AB^2C + 7.23ABC^2 \quad (2-11)$$

式中，A代表$NaNO_2$浓度；B代表$Na_2S_2O_3$浓度；C代表Na_2S浓度。通过

方差分析得到该回归方程的 R^2 值为 0.902 9，表明模型与实验数据高度拟合，样品 TOC 变化的 90.29%可以归结为由于各因素的原因，相对地，只有 9.71%的总变化不能由该模型解释。该方程的调整 R^2 为 0.883 0，预测 R^2 为 0.855 9，调整 R^2 和预测 R^2 相互之间的差值小于 0.2，符合要求。整个模型的 p 值远小于 0.000 1，说明所建立的模型可以很好地适用于微生物固定 CO_2 效率的分析和研究。模型的足够精度值(Adequate precision value)为 24.56。模型的足够精度值是一个信噪比指数，要保证建立的模型能够适合于实验设计空间，则该指数必须大于 4。由上述方差分析可知，该模型能够比较准确地反映实验结果，同时可以利用所建立的模型进行分析。

经过方差分析，模型中 AB、BC 和 AC 的 p 值分别为 0.039 8、0.011 7 和 0.181 3。一般当 p 值小于 0.05 时，表示该项对响应值具有显著影响；而当 p 值大于 0.10 时，则表示该项对响应值没有显著影响。由此可见，AB($NaNO_2$ 和 $Na_2S_2O_3$)及 BC($Na_2S_2O_3$ 和 Na_2S)对整个模型有显著影响，$NaNO_2$ 和 $Na_2S_2O_3$、$Na_2S_2O_3$ 和 Na_2S 间存在交互作用。通过比较 2 项的 p 值可知，2 个交互作用中 $Na_2S_2O_3$ 和 Na_2S 间的交互作用更强。电子供体间的交互作用可能是由于这些电子供体在电子传递系统的电子传递链上有交集。此外，S^{2-} 的氧化以及 $S_2O_3^{2-}$ 的歧化反应过程中都会产生 S^0。$S_2O_3^{2-}$ 的歧化反应还会产生 SO_3^{2-}，SO_3^{2-} 和 S^{2-} 在酸性条件下可以反应生成 S^0。硫化物间错综复杂的关系可能是 $Na_2S_2O_3$ 和 Na_2S 间存在交互作用的原因之一。

根据回归方程得到好氧条件下 D-最优混合实验响应面曲线图(图 2-7)。图 2-7 显示了每个电子供体的作用(图中包括了实验设计点)。就提高微生物固定 CO_2 效率而言，这 3 种电子由强到弱依次为 Na_2S、$Na_2S_2O_3$、$NaNO_2$。这一点与之前考察电子供体单体作用时的结论相似。从图底部的轮廓线可知，$Na_2S_2O_3$ 和 Na_2S 间的交互作用更为重要，在 $Na_2S_2O_3$ 和 Na_2S 浓度较高时，响应值 TOC 也较高。图中三者同时存在时,最佳响应值 TOC 没有高于单个电子供体,这可能是由于浓度受到限制。当浓度不受限制时,增加反应体系中总电子供体的浓度,则它们间的交互作用更强。这将在之后的响应面优化中详细讨论。

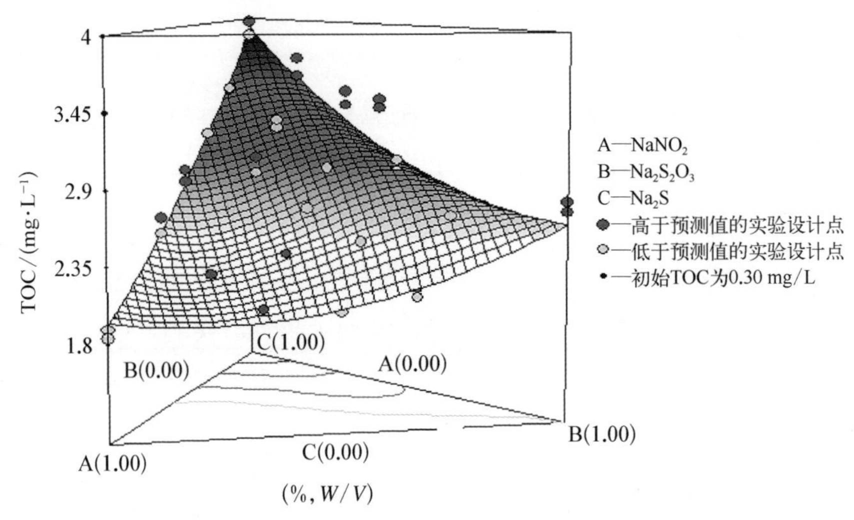

图 2-7 好氧条件下 D-最优混合实验响应面曲线图

2.3.3.2 厌氧条件下各电子供体间的交互作用

好氧条件下的实验结果表明电子供体间存在着交互作用。本节通过D-最优混合实验研究厌氧条件下 3 种电子供体间可能存在的交互作用。实验的浓度范围同样设定为 0.00%~1.00%。对实验结果进行回归分析,发现为满足方差分析的假设,实验数据需要进行数据转换(Power transformation, lambda=−3)。厌氧条件下同时添加 3 种电子供体,微生物固定CO_2的效率 TOC 可以由式(2-12)表示。

$$TOC = [0.015A + 0.007B + 0.003A + 0.039AB - 0.006AC + 0.015BC - 0.13ABC + 0.020AB(A - B) - 0.023AC(A - C) + 0.013BC(B - C)]^3 \tag{2-12}$$

式(2-12)中,A代表$NaNO_2$浓度;B代表$Na_2S_2O_3$浓度;C代表Na_2S浓度。通过方差分析得到该回归方程的R^2值为0.861 6,表明模型与实验数据高度拟合,样品TOC变化的86.16%可以归结为由于各因素的原因,相对地,只有13.84%的总变化不能由该模型解释。该方程的调整R^2为0.828 8,预测R^2为0.783 4,调整R^2和预测R^2相互之间差值小于0.2,符合要求。整个模型的p值远小于0.000 1,说明所建立的模型可以很好地适用于微生物固定CO_2效率的分析和研究。模型的足够精度值为19.97远大于4,说明建立的模型能够适合于实验设计空间。由上述的方差分析可知,该模型能够比较准确地反映实验结果,同时可以利用所建立的模型进行分析。

经过方差分析,模型中AB、AC、BC和ABC的p值分别为小于0.001、0.314 4、0.009 4和0.000 1。由p值可知AB($NaNO_2$和$Na_2S_2O_3$)、BC($Na_2S_2O_3$和Na_2S)及ABC($NaNO_2$、$Na_2S_2O_3$和Na_2S)对整个模型有显著影响,$NaNO_2$和$Na_2S_2O_3$、$Na_2S_2O_3$和Na_2S、三种电子供体间存在交互作用,通过比较3项的p值可知,3个交互作用中$Na_2S_2O_3$和Na_2S间的交互作用是较弱的。

根据回归方程得到厌氧条件下D-最优混合实验响应面曲线图(图2-8)。图2-8显示了每个电子供体的作用(图中包括了实验设计点),其中Na_2S的作用较强,其效果要好于另外两种电子供体,这与之前3种电子供体单体作用的研究结果一致。在D'Imperio的研究中显示,S^{2-}是一种非常好的电子供体,在某些条件下它的效果甚至比H_2更好[209]。从图2-8底部的轮廓线可见,响应值TOC在中间位置要高于周边区域,表明在中间位置,即3个电子供体浓度相当时,交互作用的效果较好。Baalsrud发现当亚硝酸盐存在时,硫代硫酸盐氧化的速度非常快,该结果表明亚硝酸盐的存在可以促进硫代硫酸盐的氧化[210]。产生上述交互作用的具体原因仍需进一步研究确定。厌氧条件下产生交互作用的原因可能与好氧条件类似。

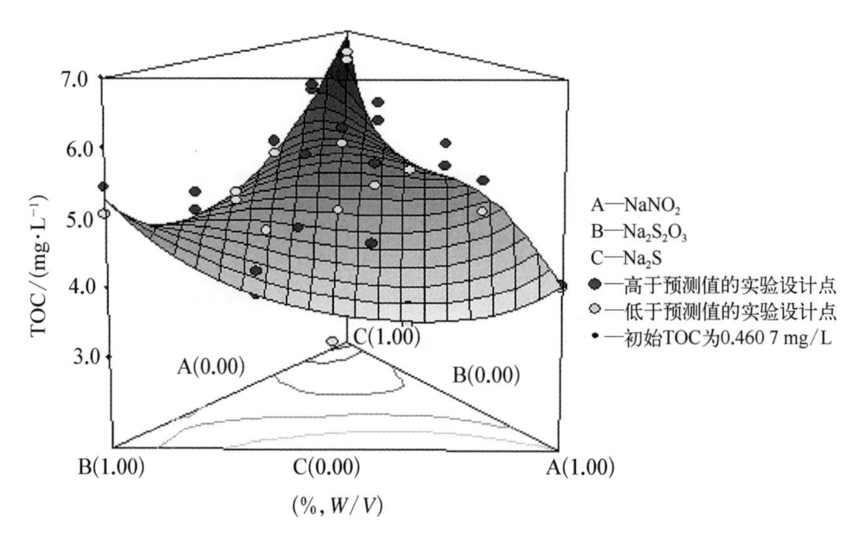

图 2-8　厌氧条件下 D-最优混合实验响应面曲线图

此外,由于非光合微生物是由多个菌种构成的,整个菌群类似于一个共生固定CO_2系统[194]。

各菌种可利用的电子供体不同,电子供体间的交互作用可能是由菌种间的共生作用导致。电子供体间的交互作用为进一步优化微生物固定CO_2效率提供了理论基础。

2.3.4　混合电子供体系统的构建及其对非光合微生物固碳过程的促进效应

上一节的实验结果表明,在好氧或厌氧条件下,不同电子供体间存在着交互作用。但是单一电子供体的作用有限,不同电子供体间的交互作用可能是进一步优化微生物固定CO_2效率的关键。本节中,在非光合微生物培养体系中同时使用 3 种电子供体,并通过中心组合 RSM 设计实验,以期获得好氧条件下可大幅提高微生物固碳效率的混合电子供体组合。

2.3.4.1　好氧条件下混合电子供体的构建及其促进效应

好氧条件下中心组合 RSM 实验结果见表 2－16。

表 2－16　好氧条件下设计 3 个变量实验的实验结果及预测结果

序号	因素/(%，*W/V*)			$TOC/(mg \cdot L^{-1})$		
	$NaNO_2$	$Na_2S_2O_3$	Na_2S	实验组(a，b)		预测
1	0.25	0.50	0.75	5.13	5.50	6.20
2	0.25	0.50	1.25	87.98	97.98	91.97
3	0.75	0.50	0.75	5.04	4.93	5.02
4	0.75	0.50	1.25	77.28	81.78	81.72
5	0.25	1.00	0.75	8.30	9.72	9.00
6	0.25	1.00	1.25	36.06	37.54	38.19
7	0.75	1.00	0.75	41.62	43.48	44.89
8	0.75	1.00	1.25	95.26	91.24	91.97
9	0.50	0.75	0.58	5.26	4.97	4.41
10	0.50	0.75	1.42	112.40	109.08	110.46
11	0.08	0.75	1.00	4.26	4.78	4.16
12	0.92	0.75	1.00	49.18	48.50	47.61
13	0.50	0.33	1.00	56.60	50.22	51.84
14	0.50	1.17	1.00	62.66	70.78	65.45
15	0.50	0.75	1.00	54.96	46.62	45.29
16	0.50	0.75	1.00	38.78	40.02	45.29
17	0.50	0.75	1.00	38.40	40.60	45.29
18	0.50	0.75	1.00	53.52	40.56	45.29
19	0.50	0.75	1.00	41.12	40.45	45.29
20	0.50	0.75	1.00	58.22	53.42	45.29

注：初始 TOC 为 0.58 mg/L，预测结果来自式(2－11)。

由于实验的响应值 TOC 的变化范围为 4.26～112.4 mg/L，最大值比最小值比率为 26.39。在响应面法分析结果时，当该比率大于 10 时，则需要将实验结果进行变形。利用软件 Design - Expert 中的 Box - Cox plot，系统建议进行平方根变换(Squareroot Transformation)。根据方差分析，A、B、C、AB、BC、A^2、B^2、C^2和 AC^2是建立模型的重要项。其中，A 代表 $NaNO_2$浓度；B 代表 $Na_2S_2O_3$浓度；C 代表 Na_2S浓度。根据实验结果构建出三次方模型，并用于分析实验结果。实验响应值 TOC 可以通过该回归方程表示见式(2 - 13)。

$$TOC = (6.73 + 1.45A + 0.26B + 2.50C + 0.99AB - 0.073AC - 0.98BC - 0.80A^2 + 0.32B^2 - 0.15C^2 - 0.66AC^2)^2 \quad (2-13)$$

通过方差分析得到该回归方程的 R^2 值为 0.985 0，表明模型与实验数据高度拟合，样品 TOC 变化的 98.50%可以归结为由于各因素的原因，相对地，只有 1.50% 的总变化不能由该模型解释。该方程的调整 R^2 为 0.979 9，预测 R^2 为 0.978 7，调整 R^2 和预测 R^2 相互之间差值小于 0.2，符合要求。整个模型的 F 值为 190.86，较高的 F 值说明所建立的模型可以很好地适用于微生物固定 CO_2效率的分析和研究。模型的 lack of fit 的 p 值为 0.54，高于 0.05，说明与绝对误差相关性不显著，对整个模型来说十分有利。模型的足够精度值为 43.71 远大于 4，表明建立的模型适合于实验设计空间。由上述方差分析可知，该模型可以比较准确地反映实验结果，同时可以利用所构建的模型进行分析。

为研究混合电子供体中各因素间的交互作用和确定最大 TOC 时各因素最佳水平，根据回归方程建立了 3D 响应面曲线图。从图 2 - 9(a)可见，$Na_2S_2O_3$和 Na_2S间的交互作用在点(0.50% $Na_2S_2O_3$，1.25% Na_2S)处最强。与 $Na_2S_2O_3$的浓度变化相比，Na_2S 的浓度变化引起的 TOC 变化幅度更明显。该结果表明，在 $Na_2S_2O_3$ 和 Na_2S 的交互作用中，Na_2S 起主导作用。从图 2 - 9(b)可见，$Na_2S_2O_3$ 和 $NaNO_2$ 间的交互作用在点(1.00%

$Na_2S_2O_3$，0.75% $NaNO_2$)处最强。该点的周边区域是 $Na_2S_2O_3$ 和 $NaNO_2$ 间交互作用的最强区域。在 $Na_2S_2O_3$ 0.50%～0.63%，$NaNO_2$ 0.63%～0.75%的区域内响应面呈现略微下降趋势，而导致另一个交互作用强区 $Na_2S_2O_3$ 0.50%～0.63%，$NaNO_2$ 0.50%～0.63%的产生。与第 2.3.3.1 节相比，在较高浓度下电子供体间的交互作用种类相同，但是作用的显著性却相差非常大。

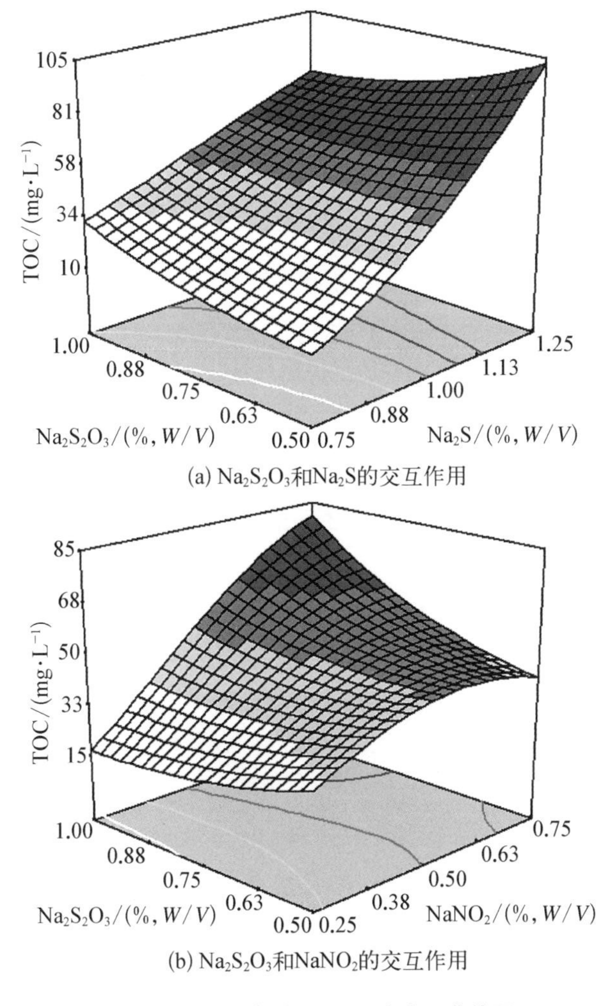

图 2-9　好氧条件下 TOC 响应面曲线图

为构建最优的混合电子供体系统以提高微生物固定CO_2的效率，利用软件中的 Numerical Optimization 功能对最优混合电子供体系统作出预测，结果见图 2－10（Na_2S 的浓度被设定为 1.25%）。Numerical Optimization 是软件中一项根据已建立的模型在实验设计空间内找出各因素的最佳设定值。从图中可见，响应值 TOC 有 2 个高区（TOC＞85 mg/L），在这两个区域中包含着一个更高的区（TOC＞95 mg/L），更高区出现在$Na_2S_2O_3$浓度较低、$NaNO_2$浓度适中的条件下。Numerical Optimization 给出的各因素最佳水平为 0.46% $NaNO_2$、0.50% $Na_2S_2O_3$ 和 1.25% Na_2S，该水平下预测的 TOC 值为 102.80 mg/L。

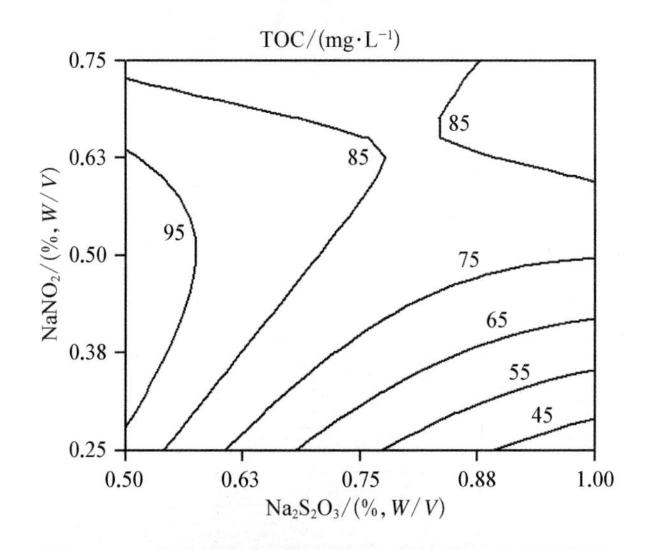

图 2－10　好氧条件下预测的 TOC 最大值响应面曲线图

为了检验预测的准确性，通过验证实验对预测点进行验证，得到平均 TOC 为 105.76 mg/L(折合成为CO_2为 387.51 mg/L)，对照样的平均水平为 1.62 mg/L。可见优化后，微生物的固定CO_2效率大幅增加。除此之外，在表 2－16 中 10 号样的平均 TOC 为 110.74 mg/L(略高于最优点)，该点的 Na_2S 水平超出了实验设计空间，达到 1.42%，其原因是实验设计的要求。10 号样的结果表明通过增加 Na_2S 浓度，微生物的固定 CO_2 效率还可能进一步提高。但是在实验过程中发现，Na_2S 浓度超过 1.50%左右时，会产生大量悬浮物，其重复样的 TOC 值差异较大，效果不稳定。这可能是因为 Na_2S 浓度越高，其自发氧化产物越多，如果微生物不能及时氧化利用，大量的 Na_2S 则被浪费。

2.3.4.2　厌氧条件下混合电子供体的构建及其促进效应

在上一节中通过响应面优化混合电子供体，成功地将非光合微生物的固定 CO_2 效果大幅提高。本节中，在非光合微生物培养体系中同时添加 3 种电子供体，并通过中心组合 RSM 设计实验，以期获得厌氧条件下将微生物固定 CO_2 效果大幅提高的混合电子供体浓度组合。实验结果见表 2－17。

表 2－17　厌氧条件下设计三个变量实验的实验结果及预测结果

序号	因素/($W \cdot V^{-1}$)			TOC/($mg \cdot L^{-1}$)		
	$NaNO_2$	$Na_2S_2O_3$	Na_2S	实验组(a, b)		预测
1	0.80	0.85	0.58	3.88	3.16	3.13
2	0.55	0.60	0.75	6.19	6.81	7.10
3	0.55	1.10	0.75	57.96	56.70	59.10
4	1.05	0.60	0.75	4.95	4.22	4.71
5	1.05	1.10	0.75	106.50	116.62	112.16
6	0.38	0.85	1.00	45.62	38.02	39.12
7	0.80	0.43	1.00	12.36	18.52	14.48
8	1.22	0.85	1.00	114.86	104.62	109.61
9	0.55	0.60	1.25	90.20	95.82	95.24
10	0.55	1.10	1.25	5.91	6.28	6.68
11	1.05	0.60	1.25	88.58	96.60	93.15
12	1.05	1.10	1.25	108.92	102.34	106.25

续 表

序号	因素/($W\cdot V^{-1}$)			TOC/($mg\cdot L^{-1}$)		
	$NaNO_2$	$Na_2S_2O_3$	Na_2S	实验组(a, b)		预测
13	0.80	0.85	1.42	118.88	123.96	119.12
14	0.80	1.27	1.00	82.24	87.54	82.96
15	0.80	0.85	1.00	86.64	86.56	83.51
16	0.80	0.85	1.00	77.56	85.12	83.51
17	0.80	0.85	1.00	85.70	84.94	83.51
18	0.80	0.85	1.00	80.38	82.48	83.51
19	0.80	0.85	1.00	78.92	82.58	83.51
20	0.80	0.85	1.00	84.52	85.80	83.51

注：初始 TOC 为 0.643 mg/L,预测结果来自式 2-12。

由于实验的响应值 TOC 的变化范围为 3.16～123.96 mg/L,最大值比最小值比率为 39.23 大于 10,要求将实验结果进行变形。利用软件 Design-Expert 中的 Box-Cox plot,系统建议使用平方根变换。根据方差分析,A、B、C、AB、AC、BC、A^2、B^2、C^2、ABC、A^2C 和 BC^2 是建立模型的重要项。其中,A 代表 $NaNO_2$浓度;B 代表 $Na_2S_2O_3$浓度;C 代表 Na_2S 浓度。根据回归方程构建出三次方模型,并用于实验结果分析。实验响应值 TOC 可以通过该回归方程表示见式(2-14)。

$$TOC=(9.14+1.25A+1.58B+2.72C+1.40AB+0.65AC-2.50BC-0.27A^2-0.95B^2-0.99C^2+0.55ABC-1.57A^2C-0.71BC^2)^2 \quad (2-14)$$

通过方差分析得到回归方程的 R^2 值为 0.985 8,表明模型与实验数据高度拟合,样品 TOC 变化的 98.58%可以归结为由于各因素的原因,相对地,只有 1.42%的总变化不能由该模型解释。该方程的调整 R^2 为0.993 9,预测 R^2 为 0.989 0,调整 R^2 和预测 R^2 相互之间差值小于 0.2,符合要求。

整个模型的 F 值为 530.34，较高的 F 值说明所建立的模型可以很好地适用于微生物固定 CO_2 效率的分析和研究。模型的 lack of fit 的 p 值为 0.09，高于 0.05，表明与绝对误差相关性不显著，对整个模型来说十分有利。模型的足够精度值为 65.64 远大于 4，表明建立的模型能够适合于实验设计空间。由上述方差分析可知，该模型能够比较准确地反映实验结果，同时可以利用所建立的模型进行分析。

为研究混合电子供体中各因素间的交互作用和确定最大 TOC 时各因素最佳水平，根据回归方程建立了 3D 响应面曲线图。从图 2－11(a)可见 $Na_2S_2O_3$ 和 $NaNO_2$ 的交互作用在点(1.10% $Na_2S_2O_3$，1.05% $NaNO_2$)处最强。整个图 2－11(a)是对称的，表明 $Na_2S_2O_3$ 和 $NaNO_2$ 在两者交互作用中的权重相等。$Na_2S_2O_3$ 和 $NaNO_2$ 之间交互作用随着 $Na_2S_2O_3$ 和 $NaNO_2$ 的浓度升高而增强。

图 2－11(b)中，$NaNO_2$ 和 Na_2S 的交互作用在点(0.93% $NaNO_2$，1.25% Na_2S)处最强，且交互作用随着 $NaNO_2$ 和 Na_2S 的浓度升高而增强。但是响应曲面略偏向 Na_2S，表明与 $NaNO_2$ 相比，Na_2S 浓度变化能引起两者间交互作用的更大响应，即在 $NaNO_2$ 和 Na_2S 的交互作用中，Na_2S 具有更重要的作用。

如图 2－11(c)所示，$Na_2S_2O_3$ 和 Na_2S 的交互作用在点(0.60% $Na_2S_2O_3$，1.25% Na_2S)处最强。$Na_2S_2O_3$ 和 Na_2S 的交互作用与另外两个交互作用($Na_2S_2O_3$ 和 $NaNO_2$、$NaNO_2$ 和 Na_2S)有很大区别。该交互作用可以分为两个较强区：一是在 $Na_2S_2O_3$ 浓度较低，Na_2S 浓度较高的区域；另一个是在 Na_2S 浓度适中，$Na_2S_2O_3$ 浓度较高的区域。该结果表明，在 $Na_2S_2O_3$ 和 Na_2S 的交互作用中，$Na_2S_2O_3$ 和 Na_2S 还存在着一定的竞争关系，且 Na_2S 稍强。

在第 2.3.3.2 节中的厌氧条件下的实验中表明，Na_2S 在整个系统中起着至关重要的作用，比 $Na_2S_2O_3$ 和 $NaNO_2$ 的作用更强。图 2－11 显示 Na_2S

和 $NaNO_2$ 的交互作用最强响应值低于 $Na_2S_2O_3$ 和 $NaNO_2$ 的最强响应值。上述结果表明，$Na_2S_2O_3$ 和 Na_2S 的竞争关系可能是因为 NO_2^- 氧化后产生的 NO_3^- 可以在 $S_2O_3^{2-}$ 和 S^{2-} 的氧化过程中被作为电子受体，$S_2O_3^{2-}$ 和 S^{2-} 则为争夺 NO_3^- 产生竞争。不过在整个反应系统中，还存在着这 3 个电子供体间的交互作用。对于厌氧条件下，提高非光合微生物固定 CO_2 效率必须考虑到所有交互作用。

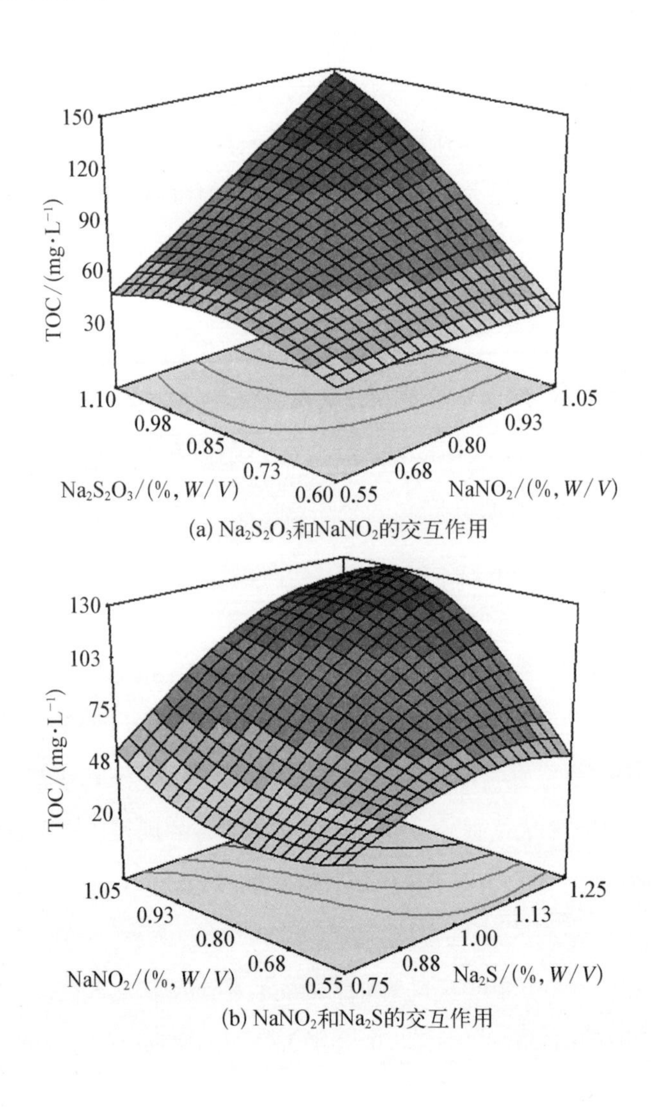

(a) $Na_2S_2O_3$和$NaNO_2$的交互作用

(b) $NaNO_2$和Na_2S的交互作用

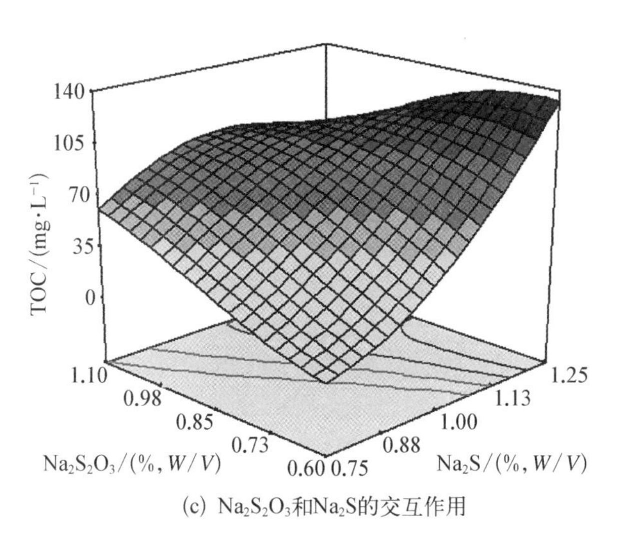

(c) $Na_2S_2O_3$和Na_2S的交互作用

图 2 - 11　厌氧条件下 TOC 响应面曲线图

为组成厌氧条件下最优的混合电子供体系统以提高微生物固定 CO_2 的效率。利用软件中 Numerical Optimization 功能对最优混合电子供体系统作出预测，结果见图 2 - 12(Na_2S 的浓度被设定为 0.98%)。从图中可见，响应值 TOC 的最高区(TOC>125 mg/L)出现在 $Na_2S_2O_3$ 和 $NaNO_2$ 浓度都较高时。Numerical Optimization 给出的各因素最佳水平分别为 1.04% $NaNO_2$、1.07% $Na_2S_2O_3$ 和 0.98% Na_2S。在该水平下，预测的 TOC 值为 141.94 mg/L。

为验证预测值的准确性，对该点进行验证，得到的平均 TOC 为 139.89 mg/L(折合成为 CO_2 为 512.57 mg/L)，对照样平均水平为 1.95 mg/L。可见优化后，微生物固定 CO_2 效率大幅增加。在之前各电子供体单体实验中，当各电子供体都为 1.00%时，TOC 值分别为 1.52 mg/L、1.76 mg/L 和 2.87 mg/L，总计 6.14 mg/L，而总接种量为 0.57 mg/L，与优化实验的接种量 0.64 mg/L 相近，各电子供体浓度与最优条件下的也相近，但是最优点 TOC 为 139.89 mg/L，远高于各单体实验 TOC 的总和。表明各电子供体间的交互作用对于微生物固定 CO_2 效率的促进作用远强于单体。

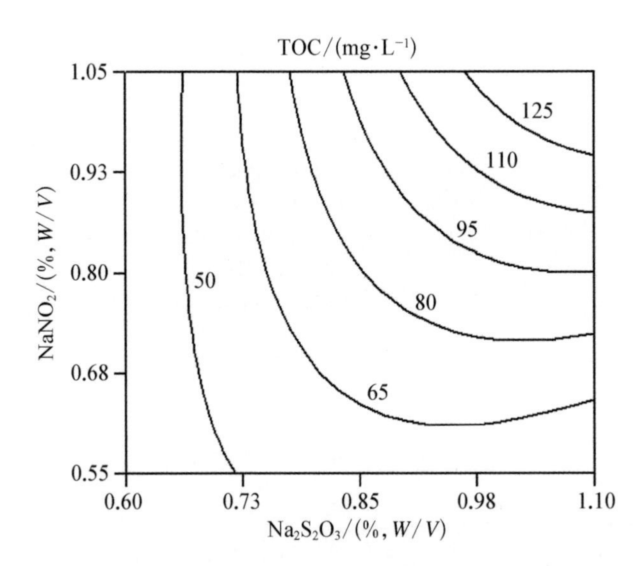

图 2-12　厌氧条件下预测的 TOC 最大值响应面曲线图

在第 2.3.3.2 节中考察厌氧条件下各电子供体间交互作用实验发现，当 3 个电子供体浓度都适中时，交互作用可能会较强。与本节所不同的是，第 2.3.3.2 节中总电子供体浓度较低，当浓度升高后，交互作用的重要性得以表现。

2.3.4.3　O_2 对混合电子供体增效作用的影响

前面两节中好氧条件下及厌氧条件下混合电子供体的浓度组成存在较大区别，本节将好氧和厌氧模型合并，以考察 O_2 对混合电子供体的影响。合并过程为合并两个实验各变量值的范围，$NaNO_2$ 为 0.25%～1.05%；$Na_2S_2O_3$ 为 0.50%～1.10%；Na_2S 为 0.75%～1.25%，在模型中它们的 −1 及 +1 水平分别为最小值和最大值，除上述 3 个变量外，O_2 也被设定为一个变量，其 −1 及 +1 水平分别为厌氧及好氧。数据经平方根转换。实验响应值 TOC 可以通过该回归方程表示见式(2-15)。

TOC = (7.84 + 1.43A + 1.23B + 2.29C − 0.34D + 2.68AB + 0.39AC −

$$0.28AD+0.90BC-0.047BD+0.49CD-1.12A^2-0.81B^2-0.53C^2+0.62ABC-0.88ABD-1.92ACD+1.14BCD-1.07A^2B-1.92A^2C-0.85A^2D+0.97AB^2-1.12AC^2+1.28B^2D-9.90ABCD-0.63A^2B^2-12.61A^2BC+0.90A^2BD-1.34AB^2D)^2 \tag{2-15}$$

式中，A 代表 $NaNO_2$浓度；B 代表 $Na_2S_2O_3$浓度；C 代表 Na_2S 浓度；D 代表氧气条件。通过方差分析得到该回归方程的 R^2 值为 0.992 7，表明模型与实验数据高度拟合，样品 TOC 变化的 99.27%可以归结为由于各因素的原因，相对地，只有 0.73%的总变化不能由该模型解释。该方程的调整 R^2 为 0.988 7，预测 R^2 为 0.985 8。调整 R^2 和预测 R^2 相互之间差值小于 0.2，符合要求。整个模型的 F 值为 247.85，较高的 F 值说明所建立的模型可以很好地适用于微生物固定 CO_2效率的分析和研究。模型的 lack of fit 的 p 值为 0.87，高于 0.05，表明与绝对误差相关性不显著，对整个模型来说十分有利。模型的足够精度值为 48.66 远大于 4，表明所建立的模型能够适合于实验设计空间。由上述方差分析可知，该模型能够比较准确地反映实验结果，同时可以利用所建立的模型进行分析。

在建立 3D 响应面曲线图的过程中，将 O_2条件从 categoric 因素转变为 numeric 因素，−1 水平从厌氧设定为 0%，+1 水平从好氧设定为 100%，因此 O_2 的 0%～100%转变为从厌氧状态到好氧状态的动态过程，并非指氧气的实际浓度(实际浓度为 0%～20%)。

O_2与各电子供体间关系见图 2-13。图 2-13(a)—(c)其他两个因素被设定在默认浓度，其中 $NaNO_2$ 为 0.65%，$Na_2S_2O_3$ 为 0.80%，Na_2S 为 1.00%。虽然只有一个电子供体浓度的变化，但图中为显示的电子供体的浓度并不为 0，而设定为默认浓度。由此可知，虽然图中只显示一个电子供体的浓度，由于与其他电子供体间存在交互作用，所以图中显示的电子供体的浓度变化所引起的响应值变化实际上是一个综合效应。以图 2-13(a)中 $NaNO_2$为例,其实际效应为[$NaNO_2$]=[$NaNO_2$]+[$NaNO_2$&Na_2S]+[$NaNO_2$&$Na_2S_2O_3$]+[$NaNO_2$&$Na_2S_2O_3$&Na_2S]。在图 2-13(a)中,$NaNO_2$的综合作用随着 O_2浓度降低以及 $NaNO_2$浓度升高而增强。图 2-13(b)中,$Na_2S_2O_3$的综合作用在好氧条件下有一峰值,在厌氧条件下 $Na_2S_2O_3$浓度 0.80%~0.90%,其综合作用有一较强区域。当 $Na_2S_2O_3$浓度较低时,在厌氧条件下的综合作用比好氧条件下的更稳定而且更强。图 2-13(c)

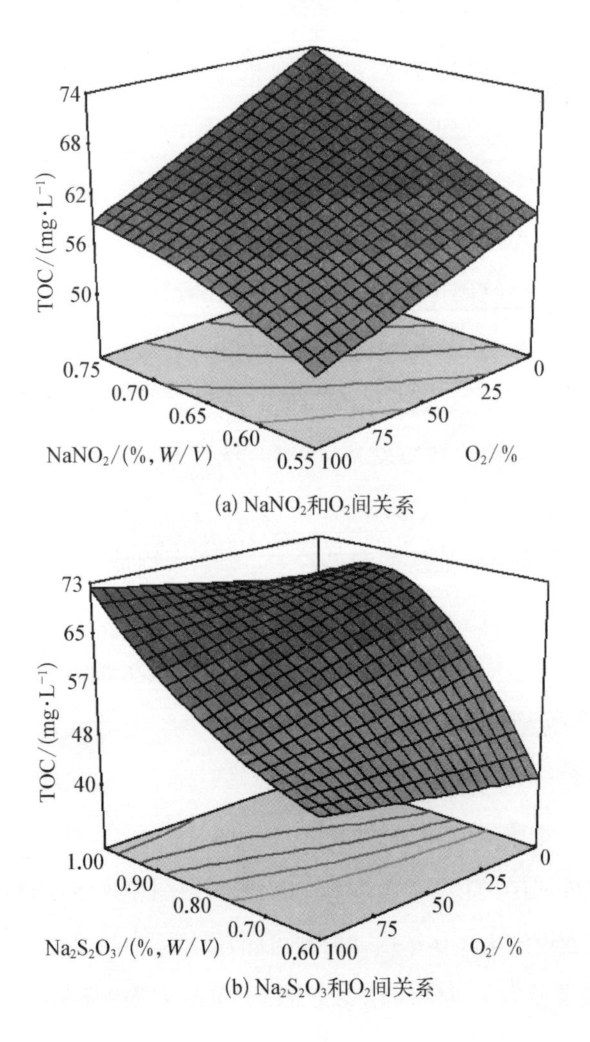

(a) $NaNO_2$和O_2间关系

(b) $Na_2S_2O_3$和O_2间关系

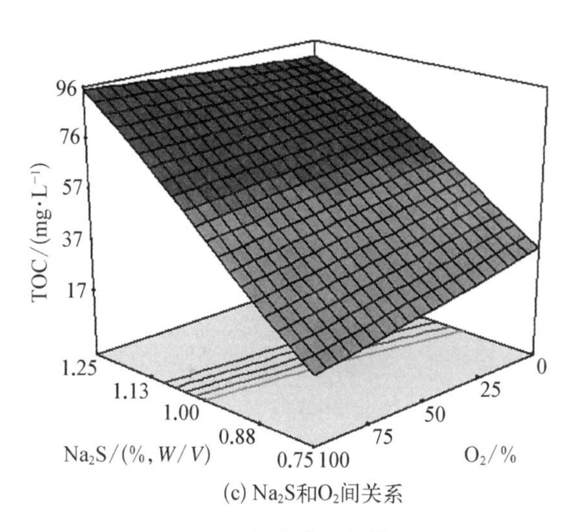

(c) Na_2S和O_2间关系

图 2-13　O_2与各电子供体间关系

中，Na_2S 的综合作用在好氧或厌氧条件下十分相似，都是随着 Na_2S 浓度增加而增强。不同的是 Na_2S 浓度较低时，其综合作用在厌氧条件下表现更好，而浓度较高时其综合作用在好氧条件下略好于厌氧条件。

对于混合电子供体对微生物固定 CO_2 效果的促进效应还需要进一步研究，因为这可能是进一步增加微生物固定 CO_2 效果的关键。比如，① 混合电子供体的效果是仅针对特殊菌群还是适用于所有环境样品；② 混合电子供体的平均能效高于最优质的 Na_2S 的原因；③ 经定量 PCR 检测，经过添加 NH_4^+ 长期驯化近一年的好氧及厌氧非光合固碳微生物中仍然存在氢氧化细菌，虽然比例较低(不足 1%)，每 mL 拷贝数在 10^2 以下，与驯化初始状态每毫升 10^6～10^8 相比，明显降低，而且该菌群能很好地响应由 $NaNO_2$、$Na_2S_2O_3$ 及 Na_2S 组成的混合电子供体，这是否说明在整个菌群内，除拥有可以氧化多种电子供体的途径外，还有与之相对的逆循环，如将 NO_3^-、SO_4^{2-} 还原、产生 H_2 等。从定量 PCR 结果推测这种逆循环效率可能较低，因为在微生物驯化过程中，可以利用 $NaNO_2$、$Na_2S_2O_3$ 及 Na_2S 等电子供体的菌种应该已被淘汰，或相应代谢途径的活性较低，这将在后续章节中详细探讨。

2.3.5 混合电子供体促进非光合微生物菌群CO_2固定效率的普遍性验证

前几节的研究结果表明，混合电子供体可以有效提高非光合微生物固定CO_2的效率。混合电子供体的作用远远大于其任一组分单独作用时的效果。实验中使用的非光合微生物由前期实验从中国沿海海域筛选并长期以NH_4^+作为唯一电子供体驯化获得。为检验混合电子供体直接作用于环境样品（海水或海水沉积物等）时是否可以立刻形成有效固碳系统的可能性，以及该现象的普遍性，本节实验中采集了全球四大洋包括10多个海域的海水样品。由于H_2是一种最佳的无机电子供体，因此实验中以H_2培养样品作为对照样，以验证实验效果。

2.3.5.1 好氧条件下的普遍性验证

好氧条件下的实验结果见图2-14。图中H和D分别代表用H_2培养和用混合电子供体培养；HH和HD代表的是第一个培养周期都使用氢气培养，第二个周期分别用H_2培养和用混合电子供体培养；DD代表的是第一个、第二个培养周期都用混合电子供体培养；HHH和HHD代表的是第一个、第二个培养周期都使用氢气培养，第三个周期分别用H_2培养和用混合电子供体培养；DDD代表的是第一个、第二个、第三个培养周期都用混合电子供体培养。

通过比较图2-14(a)中的H系列和D系列、图2-14(b)中的HH系列和DD系列以及图2-14(c)中的HHH系列和DDD系列，在三个培养周期内，添加混合电子供体的固碳效果显著高于H_2的固碳效果。添加混合电子供体的样品，培养后的TOC值约为H_2的376%。由于样品源自世界各地，且均表现出混合电子供体的优越性，这表明混合电子供体可以快速

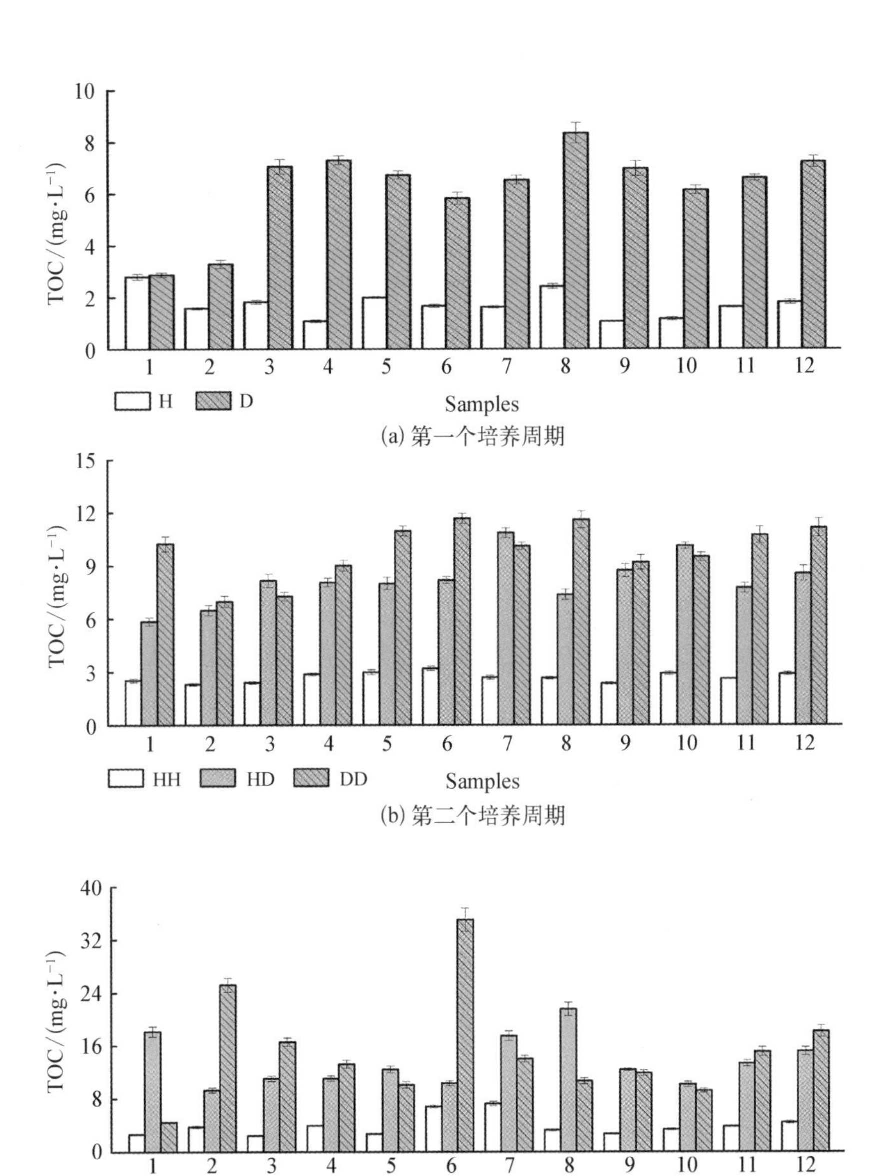

注：横坐标 1～12 代表样品的编号，详细信息见图 2－1

图 2－14　好氧条件下样品培养 96 h 后的 TOC 值

促进来自海水的微生物样品形成有效的CO_2固定系统。同时，这些海水样品中的微生物群落是显著不同的。在第二个、第三个培养周期内微生物的TOC值(DD、DDD、HH和HHH)都比前一个培养周期约高50%(D、DD、H和HH)，表明提高初始微生物接种量可有效增加微生物的固碳效果，这将在后一章中详细讨论。这里需要指出，在前面的研究中已发现混合电子供体的效果不是由单一电子供体效果的简单叠加，而归功于电子供体间的交互作用。

另外，图2-14中可知微生物先经H_2培养，之后用混合电子供体代替H_2培养所得到TOC的效果显著高于继续使用H_2培养的样品，如比较HH系列和HD系列、比较HHH系列和HHD系列。利用混合电子供体替代后，TOC值是持续采用H_2培养的51%～577%(平均为244%)。HD系列和HHD系列培养后的TOC值分别为DD系列和DDD系列的83%和88%，而初始接种量却分别为28%和27%。假设HD系列和HHD系列与DD系列和DDD系列初始接种量相同，则使用混合电子供体代替培养的固碳效果比连续使用混合电子供体可能更好。此现象表明在混合电子供体中，除有交互作用外，可能还存在替代效应，即当先利用一种电子供体如H_2长期培养微生物，之后再用混合电子供体代替H_2培养，微生物固定CO_2的效果会显著增加。而且混合电子供体的作用不仅仅是代替H_2。

在前几节的研究中发现以$(NH_4)_2SO_4$作为唯一电子供体长期驯化的非光合微生物，在加入混合电子供体后，CO_2固定效果提高了6 424%。这个结果表明，混合电子供体可以显著提高样品的CO_2固定效率，样品可以是来自不同区域的海水样品，也可以是先使用其他电子供体培养的混合微生物样品。

综上所述，对于筛选自各海域的非光合自养微生物，混合电子供体可有效提高其固定CO_2的效率，固碳效果甚至比H_2更好。混合电子供体还可以提高长期使用单一电子供体驯化的非光合微生物固定 CO_2 效率。上述两个结论的相同之处在于菌群结构都不一致，即具有不同群落结构的菌群都可有效利用混合电子供体。菌群的群落结构不一致意味着它们的固定 CO_2 途径可能不同。混合电子供体的效果主要是在于能量的有效性上，和合成代谢无关。若各菌群固定 CO_2 的途径相同，则混合电子供体的效果主要体现在能量的能效上，而合成代谢作用较小。

对于单一菌种，由于可利用的能源有限，例如氢氧化细菌利用的是 H_2；硝化细菌利用的是 NH_4^+ 和 NO_2^-；一些硫细菌则利用 S^{2-} 或 $S_2O_3^{2-}$。相比之下，混合微生物系统的能量代谢途径较为复杂，但是适应性很强。通过一定的适应时间后，混合电子供体可以被不同的微生物所利用。这也可能是混合电子供体效果较好的原因之一。若仅从能量角度考虑，混合电子供体单位物质平均释放的能量低于 H_2，这表明混合电子供体的高效果还存在其他原因。混合电子供体高效固碳的机制是进一步优化非光合微生物 CO_2 固定效率的关键。

2.3.5.2　厌氧条件下的普遍性验证

前几节的研究结果表明，厌氧条件下混合电子供体可有效提高非光合微生物固定 CO_2 的效率。好氧条件下可将混合电子供体直接作用于海水样品并形成有效的固碳系统。为了检验厌氧条件下可以立刻形成有效固碳系统的可能性及其普遍性。本节进行了相关的实验研究，结果见图 2-15，H 和 D 分别代表用 H_2 培养和用混合电子供体培养；HH 和 HD 代表的是第一个培养周期都使用氢气培养，第二个周期分别用 H_2 培养和用混合电子供体培养；DD 代表的是第一个、第二个培养周期都用混合电子供体培养；HHH 和 HHD 代表的是第一个、第二个培养周期都使用氢气培养，第三个周期分别用 H_2 培养和用混合电子供体培养；DDD 代表的是第一个、第二个、第三个培养周期都用混合电子供体培养。

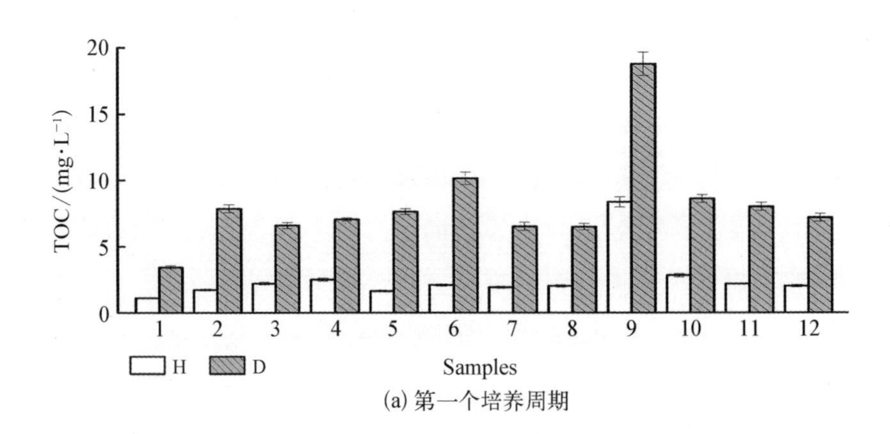

(a) 第一个培养周期

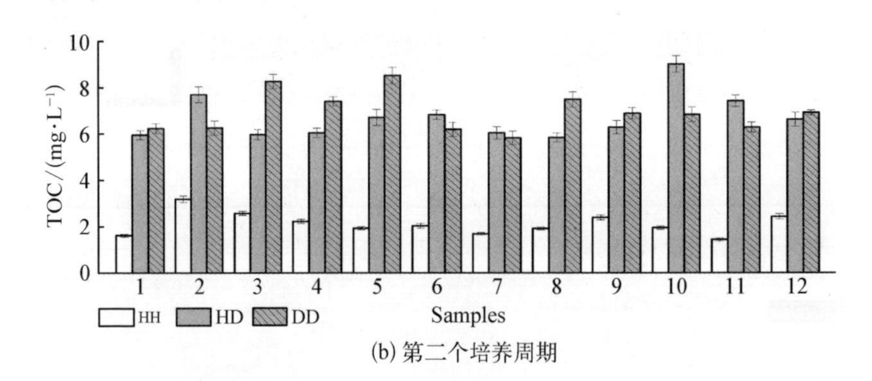

(b) 第二个培养周期

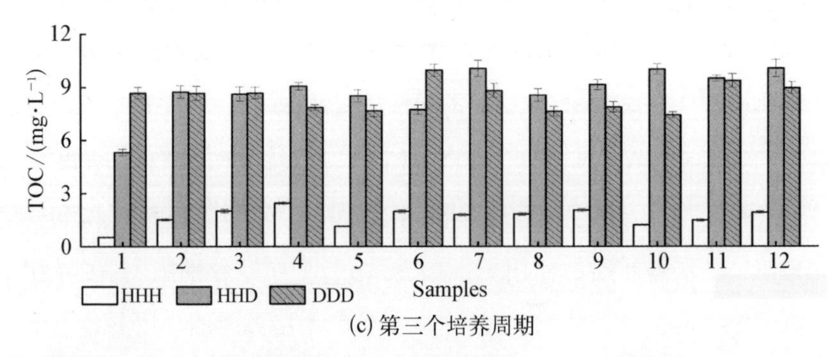

(c) 第三个培养周期

注：横坐标 1～12 代表样品的编号，详细信息见图 2－1

图 2－15　厌氧条件下样品培养 96 h 后的 TOC 值

通过比较图 2-15 中的 H 系列和 D 系列、HH 系列和 DD 系列以及 HHH 系列和 DDD 系列可知，在三个培养周期内，混合电子供体的效果显著好于 H_2。使用混合电子供体的样品培养后，平均 TOC 值为 H_2 的 385%。由于样品来自世界各地，且普遍表现出混合电子供体的优越性，表明混合电子供体可以快速促进来自海水的微生物样品形成有效的 CO_2 固定系统。

厌氧条件下与好氧条件下，混合电子供体的效果非常相似。微生物先经 H_2 培养，之后用混合电子供体代替 H_2 培养所得到 TOC 的效果显著好于继续使用 H_2 培养的样品，如比较 HH 系列和 HD 系列、比较 HHH 系列和 HHD 系列。用混合电子供体替代后其 TOC 平均效果是继续使用 H_2 培养的 421%。而 HD 系列和 HHD 系列培养后的 TOC 分别是 DD 系列和 DDD 系列的 97% 和 104%，但是初始接种量均为 31%。若 HD 系列和 HHD 系列与 DD 系列和 DDD 系列初始接种量相同，则使用混合电子供体代替培养比连续使用混合电子供体培养可能效果会高出很多，这表明在厌氧条件下混合电子供体也存在替代效应。

综上所述，厌氧条件与好氧条件十分相似，对于筛选自各海域的非光合自养微生物，混合电子供体可以有效提高其 CO_2 固定效率，甚至高于 H_2 的效果。而且混合电子供体可以促进长期使用单一电子供体驯化的非光合微生物 CO_2 固定效率。由于在厌氧条件下，电子受体的选择比好氧条件下多，所以厌氧条件下混合电子供体的作用可能比在好氧条件下更为复杂。但是，厌氧和好氧条件下混合电子供体的总体效果十分相似，由此推测，两种条件下的普遍性机制可能相同或类似。

2.4　本章小结

本章研究了好氧和厌氧条件下各种电子供体单体对混合菌群固定

CO_2效率以及菌群结构的影响，分析了多种电子供体共同使用时相互间的交互作用。在此基础上构建了高效混合电子供体系统，并验证了其对于非光合微生物菌群固定CO_2的普遍促进效应。得到的主要研究结果如下：

(1) $NaNO_2$、$Na_2S_2O_3$和Na_2S作为电子供体分别用于培养非光合微生物，可有效提高其固定CO_2效果。好氧条件下各电子供体的最佳效果由弱到强依次为$NaNO_2$、$Na_2S_2O_3$和Na_2S，厌氧条件下各电子供体的最佳效果为$Na_2S_2O_3$、$NaNO_2$和Na_2S。此外，使用不同电子供体对同一菌群进行培养后，微生物群落结构发生显著变化。部分菌对不同电子供体有特异性响应，另一部分菌在所有的电子供体系统中均普遍存在。前者可能是具有特殊能量代谢途径的菌种，而后者可能是有较高效合成代谢途径的菌种，这两类微生物的共生作用可能有利于CO_2的同化。

(2) $NaNO_2$、$Na_2S_2O_3$和Na_2S的最佳效应浓度范围在好氧条件下分别是0.25%～0.75%、0.50%～1.00%和0.75%～1.25%；在厌氧条件下分别是0.55%～1.05%、0.60%～1.10%、0.75%～1.25%。

(3) 在好氧和厌氧条件下使用混合电子供体时，各电子供体间均产生交互作用。电子供体总浓度较低和较高时电子供体间的交互作用种类基本相同，但是作用大小却相差较大，总浓度较高时作用更强。好氧条件下，$Na_2S_2O_3$和Na_2S、$Na_2S_2O_3$和$NaNO_2$间存在交互作用，分别在点(0.50% $Na_2S_2O_3$，1.25% Na_2S)和(1.00% $Na_2S_2O_3$，0.75% $NaNO_2$)处作用最强。厌氧条件下，$Na_2S_2O_3$和$NaNO_2$、$NaNO_2$和Na_2S、$Na_2S_2O_3$和Na_2S的交互作用分别在点(1.10% $Na_2S_2O_3$，1.05% $NaNO_2$)、(0.93% $NaNO_2$，1.25% Na_2S)、(0.60% $Na_2S_2O_3$，1.25% Na_2S)处最强。此外，3个电子供体间还存在着交互作用。好氧或厌氧条件下的交互作用均有助于提高非光合微生物固定CO_2的效率。

(4) 最佳混合电子供体构成：在好氧条件下为0.46% $NaNO_2$、0.50% $Na_2S_2O_3$和1.25% Na_2S，厌氧条件下为1.04% $NaNO_2$、1.07% $Na_2S_2O_3$

和 0.98% Na_2S。利用优化后的混合电子供体培养微生物，其固定 CO_2 效率在好氧或厌氧条件下分别提高到了 387.51 mg/L 和 512.57 mg CO_2/L，而无混合电子供体时则分别为 5.94 mg/L 和 7.14 mg CO_2/L。

(5) 将好氧或厌氧条件下最优混合电子供体直接作用于来自全球四大洋 10 多个海域的海水样品，效果普遍较好。经混合电子供体培养后，好氧条件下样品的 TOC 值是 H_2 培养的 376%；厌氧条件下样品的 TOC 值是 H_2 培养的 385%。这说明混合电子供体的效果具有普遍性。此外，好氧条件下，样品先用 H_2 培养，再用混合电子供体替代后，其 TOC 效果是继续使用 H_2 培养的 244%；而厌氧条件下这一数值为 421%。这一结果表明混合电子供体存在替代效应。

第3章

非光合微生物固定CO_2过程中混合电子供体的增效机制研究

3.1 概　　述

上一章的研究结果表明，通过构建和优化混合电子供体系统，好氧和厌氧条件下微生物菌群CO_2固定效率得到了大幅提高。为进一步提高微生物固定CO_2的效率，本章探讨了混合电子供体对微生物固碳的增效机制。对于单菌系统，混合电子供体的增效有限，因为单菌可以利用的电子供体类型有限。而自然界中存在很多由多种微生物组成的CO_2固定系统，它们通过共生作用紧密联系。与单菌系统相比，混合菌在CO_2固定方面可能更有优势。因为在共生作用下，共生菌可以利用单菌无法利用的环境资源，或提高利用率，所以很多共生菌可以在营养物质极为贫乏的环境下生存[88]。一般情况下，共生系统可以有效利用混合电子供体中的每一种成分，其单位质量的混合电子供体的促进效果应该介于混合电子供体中最高效和最低效的单体之间。但前一章的研究结果却与此相反，混合电子供体对微生物菌群固碳的促进效果远远高于各单体效应的数学加合值，甚至超过了H_2。从能量转换的角度考虑，该过程可能涉及混合电子供体和混合微生物菌群间的相互作用。因此，固碳增效机制需要深入探讨，以阐明机理并进一步提高非光合微生物的固碳效率。

3.2　实验材料和方法

3.2.1　实验材料

3.2.1.1　化学试剂

无机阴离子试剂盒(安捷伦，美国)。

实验中使用的其他化学药品参见第 2 章第 2.2.1.1 节。

3.2.1.2　生物试剂

本章使用生物试剂见第 2 章第 2.2.1.2 节。

3.2.1.3　培养基

本章使用培养基见第 2 章第 2.2.1.3 节。

3.2.1.4　样品来源

本章样品来源见第 2 章第 2.2.1.4 节。

3.2.1.5　仪器与设备

本章使用的仪器与设备见表 3-1。

表 3-1　仪器与设备

名　　称	产　　地
离子色谱系统 ICS-1000	美国戴安公司
AS-11 色谱柱	美国戴安公司
毛细管电泳仪 P/ACE MDQ	美国贝克曼公司

续　表

名　　称	产　　地
UV 检测器	美国贝克曼公司
X 射线衍射仪 D8 Advance	德国布鲁克公司
Eyetech - combo 激光粒度粒形分析仪	荷兰安米德公司

实验中使用的其他仪器与设备参见第 2 章第 2.2.1.5 节。

3.2.2　实验方法

3.2.2.1　非光合微生物的培养

本章非光合微生物的基本培养步骤见第 2 章第 2.2.2.2 节。

3.2.2.2　培养液颗粒粒度分析

本章实验中，经过培养的培养液中颗粒粒径大小通过激光粒度粒形分析仪进行分析[211]。其测得的平均粒径 $X(p, q)$的定义如下：

$$X(p, q) = \left(\sum_{i=1}^{m} n_i \overline{X_i}^p\right) / \left(\sum_{i=1}^{m} n_i \overline{X_i}^q\right) \tag{3-1}$$

式中，n_i代表粒度的颗粒个数分布；$\overline{X_i}$代表第 i 粒径区间上颗粒的平均粒径。

当 $p=4, q=3$ 时，$X(4, 3)$表示粒径对体积的加权平均，称为体积平均粒径；当 $p=3, q=2$ 时，$X(3, 2)$表示粒径对表面积的平均粒径，称为表面积平均粒径；当 $p=1, q=0$ 时，$X(1, 0)$表示粒径对颗粒个数的加权平均，称为颗粒数平均粒径。

3.2.2.3　离子浓度的测定

微生物样品经过培养后，首先使用 220 nm 的滤膜和一次性针筒进行推滤，得到的滤液为待测样品。样品中需要测定的离子为 NO_2^-、NO_3^-、S^{2-}、$S_2O_3^{2-}$、SO_3^{2-}和 SO_4^{2-}的浓度，其中，NO_2^-、NO_3^-和 SO_4^{2-}利用离子色谱仪测定，S^{2-}、$S_2O_3^{2-}$ 和 SO_3^{2-} 利用毛细管电泳仪测定[211]。

3.2.2.4　固相物质分析

微生物样品经过培养后，经 220 nm 的滤膜推滤获得留在滤膜上的固体物质，用去离子水冲洗再过滤，室温风干。预处理后的固体样品利用 X 射线衍射仪(XRD)进行检测。主要目标检测物质为 S^0。

3.2.2.5　CO_2 固定效率的测定

本章 CO_2 固定效率的测定见第 2 章第 2.2.2.4 节。

3.2.2.6　菌液总 DNA 提取和 PCR

本章菌液总 DNA 提取和 PCR 见第 2 章第 2.2.2.5 节。

3.2.2.7　克隆测序

本章克隆测序见第 2 章第 2.2.2.10 节。在操作过程中与第 2.2.2.10 节中不一样的地方在于：载体从 pMD 19 – T 换成了 PMD18 – T；测序公司换成了华大基因公司。

3.2.2.8　构建系统发育树

本章构建系统发育树见第 2 章第 2.2.2.11 节。

3.3　实验结果与讨论

3.3.1　混合电子供体的增效机制分析

在第 2 章中已考察了混合电子供体对非光合微生物固定 CO_2 的增效

效果、固碳效果和增效作用的普遍性。对于各种不同菌群结构的样品，混合电子供体都有促进效应，表明能量可能是重要原因。因此，本节从混合电子供体的实际能效出发，通过离子色谱及毛细管电泳等手段考察电子供体S^{2-}、$S_2O_3^{2-}$和NO_2^-，及其可能的氧化产物SO_3^{2-}、SO_4^{2-}和NO_3^-的浓度变化，研究各电子供体氧化还原过程以及能量释放效率。

首先，研究了好氧条件下电子供体浓度变化，对第2.3.5.1节中第三个培养周期样品的各离子浓度进行考察，实验结果见图3-1。图中HHD是指第一个、第二个培养周期都使用氢气培养，第三个周期使用混合电子供体培养；DDD代表的是第一个、第二个、第三个培养周期都用混合电子供体培养；DC为不含微生物情况下培养的对照样。检测结果表明，和初始浓度相比$S_2O_3^{2-}$和NO_2^-浓度减少，未检测到S^{2-}。原因可能是S^{2-}在96 h的培养时间内转化为其他化合物，如$S_2O_3^{2-}$、SO_3^{2-}、SO_4^{2-}等。实际上S^{2-}即使不在微生物的作用下，也非常容易被氧化，在水溶液中易被氧化成$S_2O_3^{2-}$、SO_3^{2-}、SO_4^{2-}等[212]。此外，电子供体的可能氧化产物有SO_3^{2-}和NO_3^-，但都

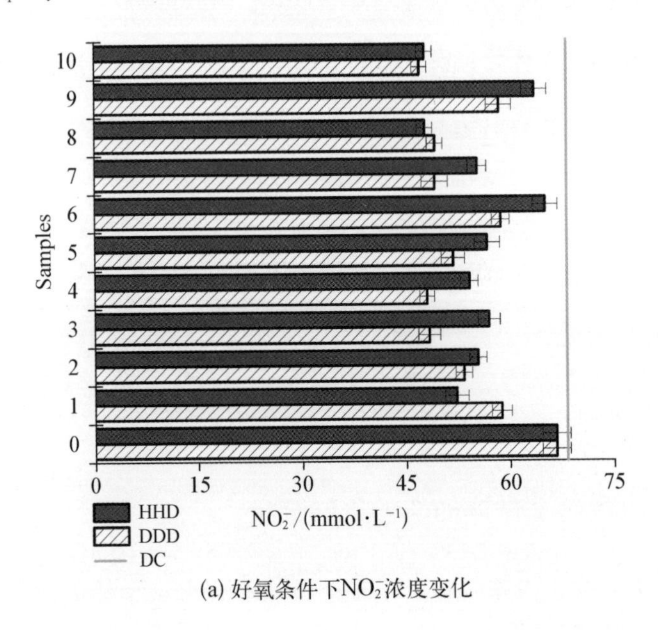

(a) 好氧条件下NO_2^-浓度变化

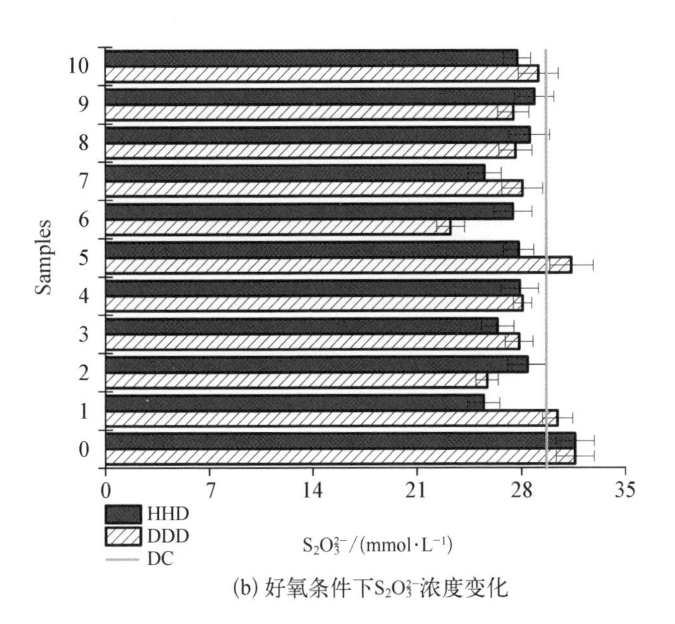

(b) 好氧条件下 $S_2O_3^{2-}$ 浓度变化

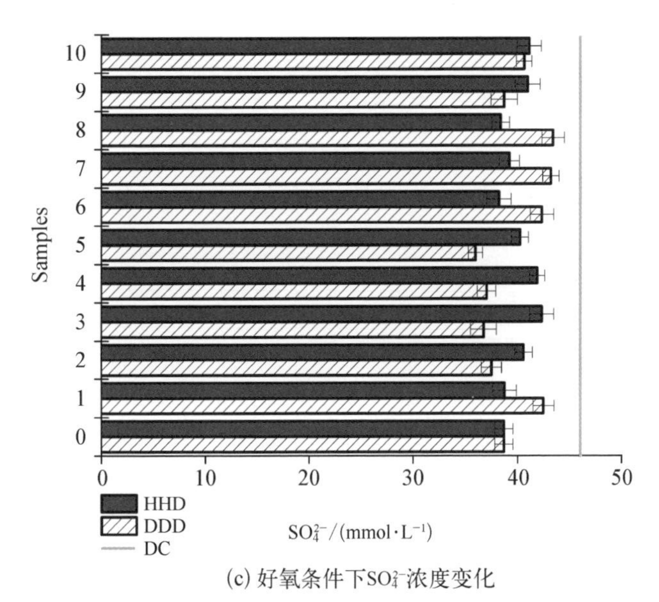

(c) 好氧条件下 SO_4^{2-} 浓度变化

注：纵坐标 0～12 代表样品的编号，其中 No.0 代表各样品初始离子浓度，其余样品详细信息参考第 2.2.1.4 节

图 3-1　各离子浓度图

未被检测到，而SO_4^{2-}的浓度相比初始浓度略有增加。

考虑到这些电子供体都具有一定的还原性，即使没有微生物的作用，也会在化学作用推动下氧化。为区别化学推动和微生物推动的离子变化，实验中采用了不接种微生物，但其他培养条件完全与接种微生物的样品一致的对照样（以下简称为DC）。DC可以代表化学推动下的离子变化，通过与DC的比较就可知微生物推动下离子的变化情况。DC的测定结果为NO_2^- 68.26 mmol/L；$S_2O_3^{2-}$ 29.72 mmol/L；SO_4^{2-} 46.08 mmol/L；而SO_3^{2-}、S^{2-}和NO_3^-都未被检测出。

和DC相比，DDD和HHD系列的NO_2^-浓度分别消耗了15.96 mmol/L和12.75 mmol/L；$S_2O_3^{2-}$浓度分别消耗了1.81 mmol/L和2.30 mmol/L；SO_4^{2-}浓度分别减少了6.27 mmol/L和5.91 mmol/L。总体而言，2个系列中NO_2^-都被明显消耗，但是其可能的氧化产物NO_3^-却没有被检测到。由于DC样品中NO_2^-浓度和初始浓度基本相等，所以没有NO_3^-。在接种微生物菌群的样品中也没有检测到NO_3^-，然而，在仅使用NO_2^-作为电子供体时，有NO_3^-被检测到（图3-2）。使用混合电子供体后没有NO_3^-产生的现

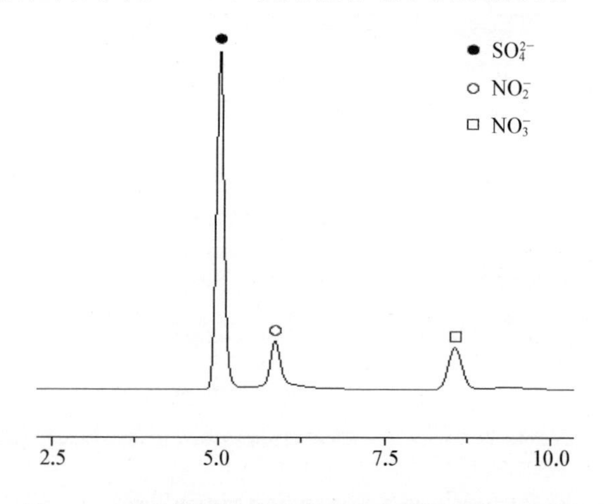

图3-2 样品仅使用NO_2^-作为电子供体培养96 h后，NO_2^-、NO_3^-和SO_4^{2-}的浓度

象表明，NO_2^-在整个系统中可能不仅仅是作为电子供体。假设NO_2^-作为氮源，按照微生物干重中的碳氮比C∶N等于50∶14，消耗4.2 mg N，对应C则为15 mg。在DDD系列中，平均TOC约为15 mg/L，但平均消耗了224 mg N/L，远高于4.2 mg N/L。该结果显示，被消耗的NO_2^-不是主要作为氮源。另一个可能的原因是NO_2^-被还原，或NO_2^-首先被氧化成其氮化物再被还原，在这一过程中NO_2^-或其衍生物作为电子受体。该过程在好氧条件下似乎很难发生，但是也有文献报道，在O_2和硫化物同时存在的条件下，氮氧化物可被作为电子受体[213]。硫化物和氮氧化物的复杂关系在脱氮和除硫的废水处理过程中广泛存在[213]。

实验结果显示，仅有少量$S_2O_3^{2-}$被消耗。一般而言，$S_2O_3^{2-}$总是被氧化成SO_4^{2-}。与DC相比，DDD系列和HHD系列的SO_4^{2-}浓度呈现下降趋势，表明$S_2O_3^{2-}$可能被还原，或先被氧化后又被还原成其他硫化物。这一原理与NO_2^-基本相似。不同的是，在$S_2O_3^{2-}$的过程中可能有硫歧化作用的参与。通过与DC相比，SO_4^{2-}的浓度降低以及好氧条件下$S_2O_3^{2-}$与NO_2^-的转化，表明在反应体系中O_2可能不是唯一的电子受体，非光合微生物利用混合电子供体可能存在着其他途径或方式。

该方式可能是首先，S^{2-}、$S_2O_3^{2-}$与NO_2^-作为电子供体被氧化利用，同时由于S^{2-}的较强还原性及其可被逐步氧化的特点，S^{2-}所释放的电子被传递至一些中间电子受体，之后再被传递到$S_2O_3^{2-}$与NO_2^-的氧化产物（如SO_4^{2-}与NO_3^-），导致氧化产物被还原，整个电子传递过程在不同的微生物间进行，电子最终并不是被传递到O_2。根据物理化学原理，上述反应过程并不能释放更多的能量。其存在的原因可能是S^{2-}直接氧化成SO_4^{2-}的过程中所释放的能量没有被有效利用。对于微生物菌群而言，仅有硫细菌可利用S^{2-}。在混合电子供体系统中，S^{2-}释放电子的过程是逐步进行的。虽然在混合电子供体系统中，S^{2-}释放的能量并没有变多，但是菌群中的其他微生物，如本来只能利用$S_2O_3^{2-}$或NO_2^-作为电子供体的微生物，则可以利用$S_2O_3^{2-}$或NO_2^-作为中间传递单位（作为电子供体或受体）而获得从S^{2-}释放的电子用于固定CO_2。

前一章的研究结果表明，对非光合微生物，S^{2-}可能是一种优于$S_2O_3^{2-}$或NO_2^-的能源物质。因此，通过上述探讨，原本不能利用S^{2-}作为能源物质的硝化细菌和部分硫细菌等微生物，也可以利用S^{2-}这类优质能源。S^{2-}能源的优质性体现在使微生物固定CO_2效率更高。混合电子供体的代谢过程使非光合微生物在利用混合电子供体时能源有效性增强，我们称这一过程的效果为梯级能效（Ladder Energy Effect，LEE）。

单一微生物菌种可以有效利用的电子供体的种类有限，而且实验也证明混合电子供体对于单一菌种的效果有限，原因可能是单一菌种中并不存在LEE。所以LEE的存在可能是由微生物间的共生作用导致。

其详细过程如下。非光合微生物菌群中的各类自养微生物菌种利用其相应的电子供体，通过电子供体的氧化得到能量，将无机碳转化成各种有机物质，过程中部分有机物质被释放到胞外，如糖原等[214]。之后菌群中一些异养或兼性自养微生物利用生成的有机物质作为能源和碳源，同时将部分电子供体的氧化产物还原，从而实现电子供体和电子受体间的转换[215]。在这一过程中异养微生物通过改变电子供体氧化过程的实际自由能，使整个过程释放出更多的能量，类似于Syntrophomonas wolfei在共生时的表现[88]，共生作用过程可以使自养微生物受益。另一方面，异养微生物消耗了系统中部分有机物，而很多有机物对不同自养微生物都有不同程度的抑制效果[161]。因此，异养微生物快速利用自养微生物固定CO_2转化产生的有机物，避免了有机物对自养微生物的抑制效应，从而提高整个菌群的CO_2固定效率。

总体而言，菌群中异养或兼性异养微生物的存在不仅有利于能源的循环和LEE的存在，而且可以有效防止因有机物累积而引起的抑制微生物自养途径，从整体效果上提高了整个菌群固定CO_2的效率。同时菌群中的自养微生物为异养微生物提供了碳源和能源。自养微生物和异养微生物间的这种关系构成了整个固定 CO_2 的共生系统。也得益于这种共生关系，系统中的能源物质可以被更有效地用于固定 CO_2。

在分析好氧条件下混合电子供体增效机制的基础上，进一步研究厌氧条件下电子供体的浓度变化。对第 2.3.5.2 节中第三个培养周期样品的各离子浓度变化进行研究，结果见图 3-3。图中 HHD 是指第一个、第二个培养周期都使用氢气培养，第三个周期使用混合电子供体培养；DDD 代表的是第一个、第二个、第三个培养周期都用混合电子供体培养。检测结果表明，和初始浓度相比 $S_2O_3^{2-}$ 和 NO_2^- 浓度减少了，而 S^{2-} 未被检测到。此外，电子供体的可能氧化产物 SO_3^{2-} 和 NO_3^- 都未被检测出，而 SO_4^{2-} 的浓度相比初始浓度略有减少。

实验中采用不接种微生物，但其他培养条件完全与接种微生物的样品一致的作为对照样(以下简称其为 DC)。DC 可以代表化学推动下的离子变化，通过与 DC 的比较则可知微生物推动下离子的浓度变化。DC 的测定

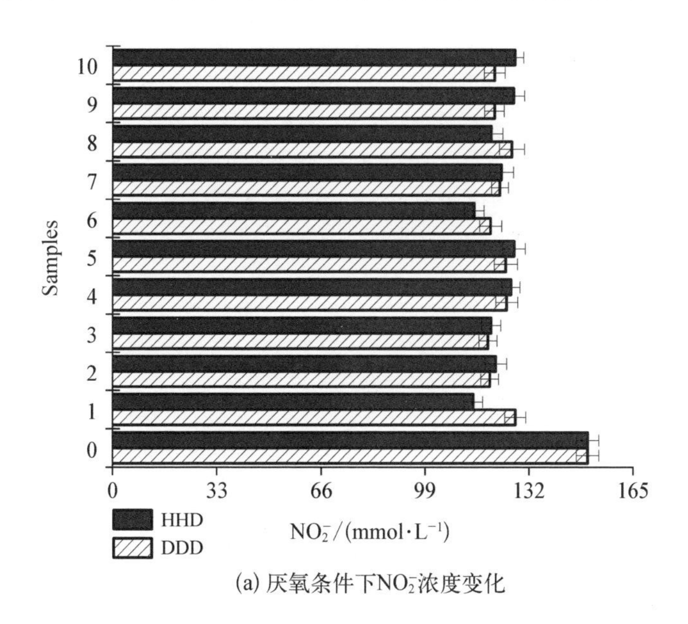

(a) 厌氧条件下 NO_2^- 浓度变化

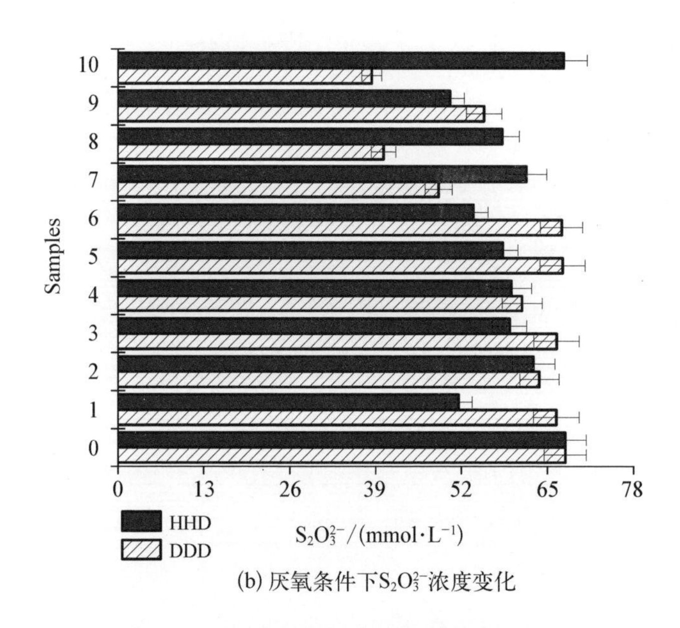

(b) 厌氧条件下 $S_2O_3^{2-}$ 浓度变化

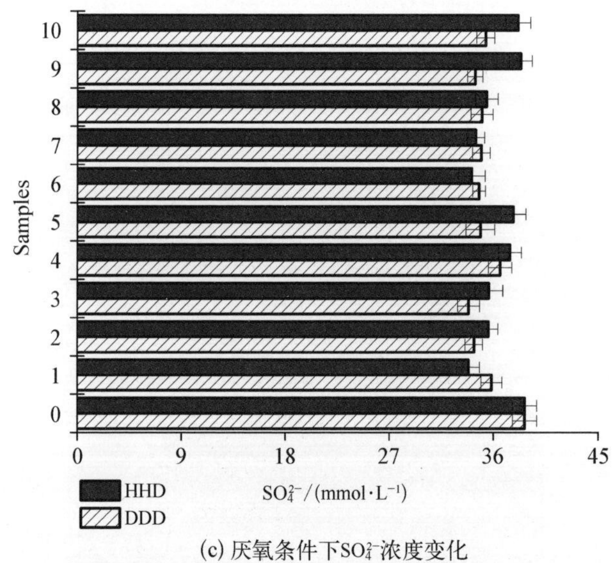

(c) 厌氧条件下 SO_4^{2-} 浓度变化

注：纵坐标 0～12 代表样品的编号，其中 No.0 代表各样品初始离子浓度，其余样品详细信息参考第 2.2.1.4 节

图 3-3 各离子浓度图

结果为NO_2^- 132.05 mmol/L；$S_2O_3^{2-}$ 63.51 mmol/L；SO_4^{2-} 36.25 mmol/L；而SO_3^{2-}、S^{2-}和NO_3^-都未被检测出。与DC相比，DDD系列和HHD系列的NO_2^-浓度分别消耗了9.37 mmol/L和9.89 mmol/L；$S_2O_3^{2-}$浓度分别消耗了6.06 mmol/L和5.22 mmol/L；SO_4^{2-}浓度分别减少了1.28 mmol/L和0.21 mmol/L。总体而言，两个系列中NO_2^-和$S_2O_3^{2-}$都被明显消耗，而SO_4^{2-}浓度略有下降。相比好氧条件，厌氧条件下电子受体的选择性更多，LEE存在的可能性更大。在第2章的研究结果中，对于混合电子供体高效的探讨就是通过类似LEE的原因。

上述研究初步分析了微生物菌群和混合电子供体间的相互作用机理，并提出了LEE的存在是混合电子供体增效作用的主要原因。但是对于LEE还存在着一些疑问，如LEE可应用的范围究竟如何、本实验条件下所得出的LEE是否适用于其他实验条件等。本节实验结果表明，混合电子供体中除S^{2-}全部被消耗外，另外两种成分消耗量并不大，而且S^{2-}的消耗可能不完全是微生物的作用导致。根据上述结果，从能量供应角度考虑，混合电子供体可能还存在更大潜力。若增加微生物的初始接种量，虽然单个微生物的固碳效率不会上升，但单位体积的CO_2固定效果可能大幅提高，这对于微生物固定CO_2技术的工业化十分有利。

另外，实验中发现添加混合电子供体后，在不接种微生物的条件下，经过96 h，样品中出现了大量的颗粒物质，图3-4为好氧条件下基本培养基空白样和添加混合电子供体的培养基(未接种微生物)经过96 h反应后的比较。制备培养基时，基本培养基是高压蒸汽灭菌，混合电子供体则是经过220 nm滤膜推滤灭菌。图中可见，混合电子供体在96 h内形成了大量的大颗粒物质，但是由于在血清瓶中收集到的样品数量较少，故通过在3 L的反应器中研究混合电子供体形成的大颗粒物质，收集固体样品后经XRD检测，发现固体样品中主要是S^0(图3-5)。

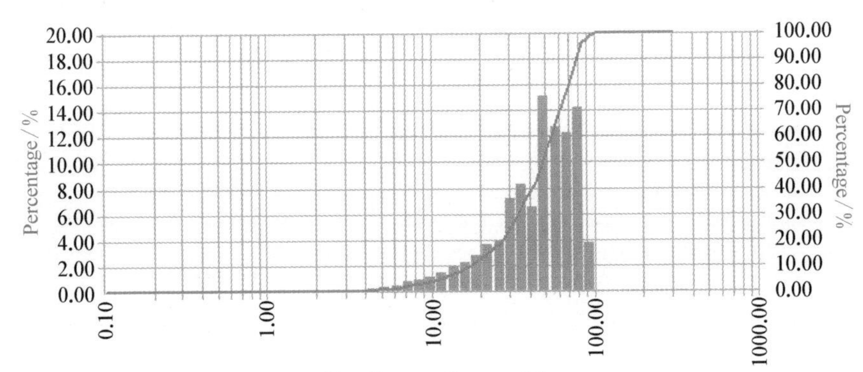

(a) 不加混合电子供体的空白样(体积直方图)

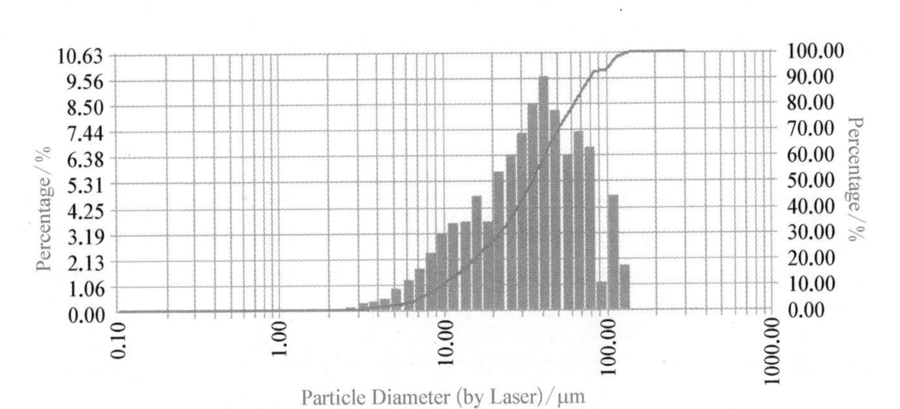

(b) 不加混合电子供体的空白样(表面积直方图和累积尺寸)

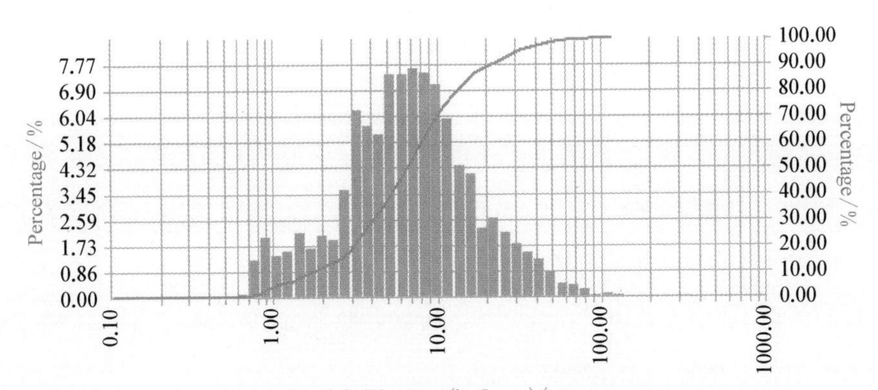

(c) 不加混合电子供体的空白样(数量直方图和累积尺寸)

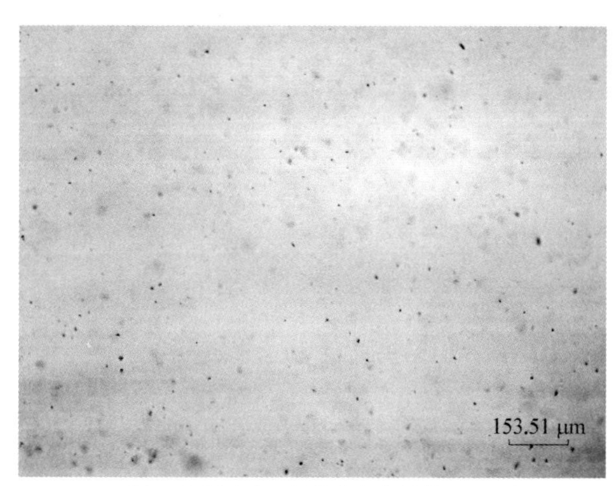

(d) 不加混合电子供体的空白样(样品照片)

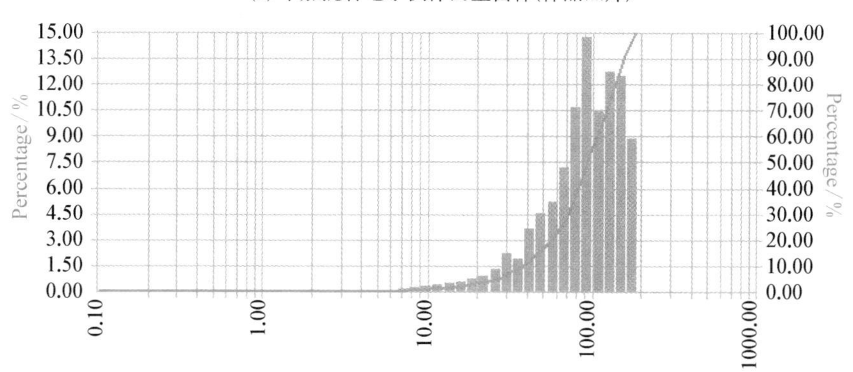

(e) 加混合电子供体的空白样(体积直方图和累积尺寸)

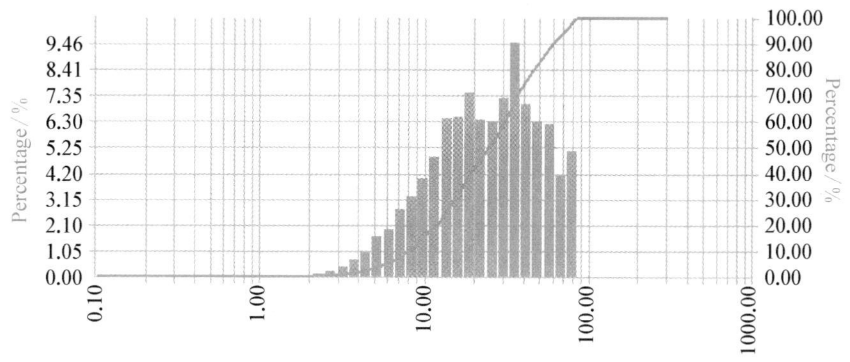

(f) 加混合电子供体的空白样(表面积直方图和累积尺寸)

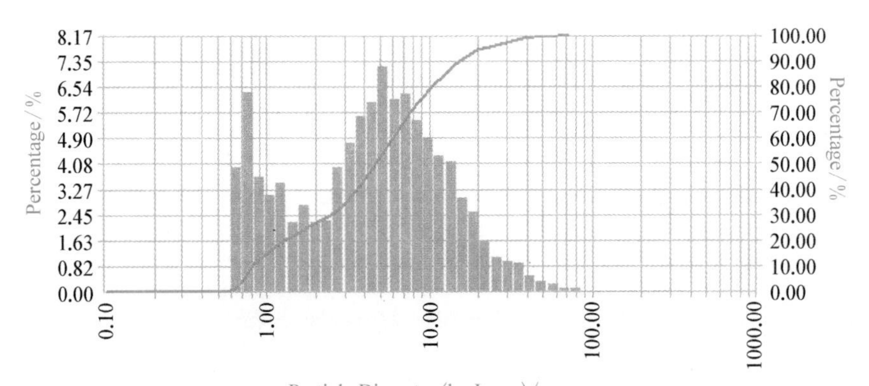

(g) 加混合电子供体的空白样(数量直方图和累积尺寸)

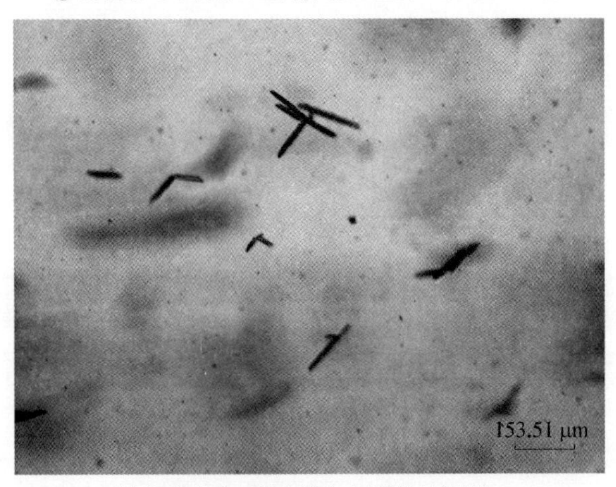

(h) 加混合电子供体的空白样(样品照片)

图 3-4　好氧条件下基本培养基空白样和添加混合电子供体的培养基的比较

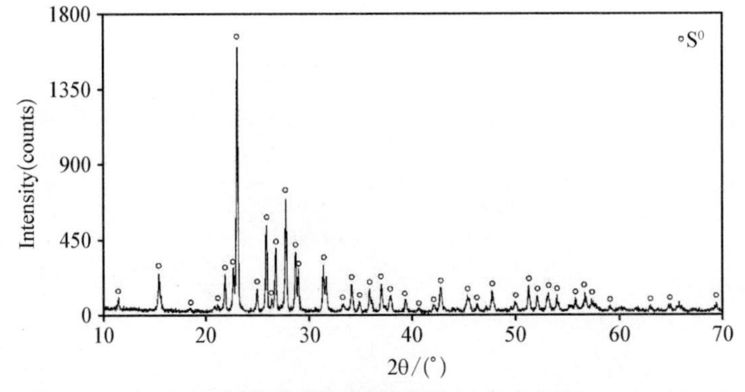

图 3-5　3 L 的生物反应器中加混合电子供体空白样的 XRD 图谱

进一步分析图 3-1 和图 3-3 中 1～10 号样品的颗粒粒径，结果如图 3-6 所示。图中 HC 指不加混合电子供体的空白样；DC 指加混合电子供体的空白样；HHH 代表的是第一个、第二个、第三个培养周期都用氢气培养；HHD 是指第一个、第二个培养周期都使用氢气培养，第三个周期使用混合电子供体培养；DDD 代表的是第一个、第二个、第三个培养周期都用混合电子供体培养。由式(3-1)可知，体积平均粒径、表面积平均粒径和颗粒数平均粒径分别可以代表颗粒物体积、颗粒物表面积和大部分颗粒直径。

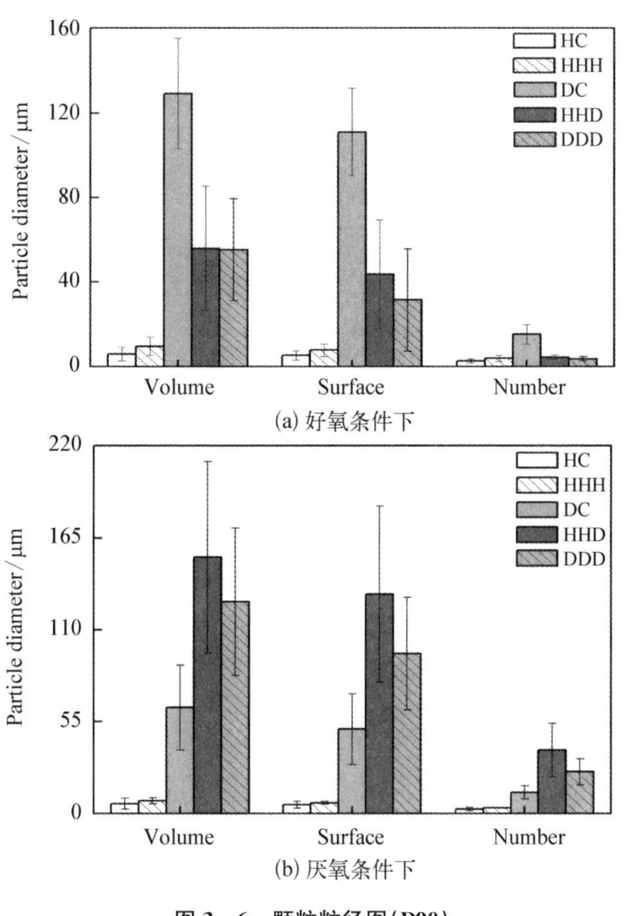

图 3-6　颗粒粒径图(D90)

无混合电子供体的样品 HHH 系列，经过培养后，相比空白样 HC，在好氧和厌氧条件下，颗粒物体积和表面积上都相应增加，大部分颗粒直径变大。原因可能主要是微生物的不断生长繁殖导致。

其次，在添加混合电子供体的样品中，好氧条件下，经过培养后，相比空白样 DC，颗粒体积和表面积上都较小，大部分颗粒直径也较小。根据之前的 XRD 分析得知大颗粒中主要是 Na_2S 的氧化产物 S^0，可推测在微生物作用下，部分 Na_2S 在自发氧化前就被微生物利用了，这部分 Na_2S 没有形成 S^0，或可能部分 S^0 被微生物所利用。之前的研究结果显示，S^{2-} 是优于 S^0 的能源物质，两者可能同时作为电子供体被利用，但 Na_2S 被利用的可能性及利用率应该大于 S^0。另一方面，DDD 系列的颗粒体积、表面积和大部分颗粒直径都比 HHD 系列更小。

从第 2 章的图 2-14 可知 DDD 系列的平均 TOC 要高于 HHD 系列，表明更多的微生物数量(以 TOC 表征)可能有利于使颗粒粒径变小。DDD 系列和 HHD 系列的大部分颗粒直径与 HHH 系列相似，从这一角度考虑，这 3 个系列的微生物大小可能类似。与 HHH 系列相比，DDD 系列和 HHD 系列在颗粒体积和表面积方面较高的原因可能是存在 Na_2S 的自发氧化产物 S^0。对 DDD 系列和 HHD 系列中 2 个样品的固体物质进行 XRD 分析，结果显示 S^0 是主要物质。这些分析显示目前较低的微生物初始接种量可能不足以快速、有效利用 Na_2S，部分 Na_2S 会自发氧化。但是，另一方面，也说明混合电子供体还存在较大的潜在能效。倘若提高微生物的初始接种量，微生物对以 Na_2S 为主的混合电子供体的能量可利用性将显著提升，从而提高固碳效率。

然而，在厌氧条件下，与 DC 样相比，DDD 系列和 HHD 系列的颗粒体积、颗粒表面积及大部分颗粒直径都较大，变化趋势与好氧条件下相反。从第 2 章的图 2-15 可知，HHD 系列的平均 TOC 略微高于 DDD 系列，厌氧条件下 HHD 系列在颗粒体积、颗粒表面积及大部分颗粒直径都大于 DDD 系列，表明菌浓越高，培养液中的颗粒粒径可能也越大。

厌氧条件下的这一结果似乎违背了好氧条件下得出的结论，即菌浓越高 Na_2S 越能被有效利用，颗粒粒径越小。但实际上这可能与好氧、厌氧条件下微生物的生活特性相关。图 3－6 中显示两种条件下，样品中的大多数颗粒粒径不同，好氧条件下偏小，而厌氧条件下则偏大。图 3－7 是 HHD7 和 DDD7 的 XRD 图谱。图 3－8(a)和图 3－8(b)分别是颗粒体积值较接近的好氧条件与厌氧条件下样品的照片，从中可见好氧条件下小颗粒较多且整个背景较暗，而厌氧条件下颗粒多为絮状且背景较亮，表明其小颗粒物质可能较少，大部分微生物都聚集在了一起，形成较大的颗粒。再对厌氧条件下颗粒粒径值较大的检测结果分析，图 3－8(c)中絮状物更大且更明显，相比厌氧条件下的空白样(图 3－8(d))，絮状物明显由微生物形成。不过厌氧条件下微生物倾向于聚集在一起形成絮状物的原因还需进一步研究。但其可能类似于活性污泥，聚集在一起后可有效减少与 O_2 的接触面积，防止氧气侵入。

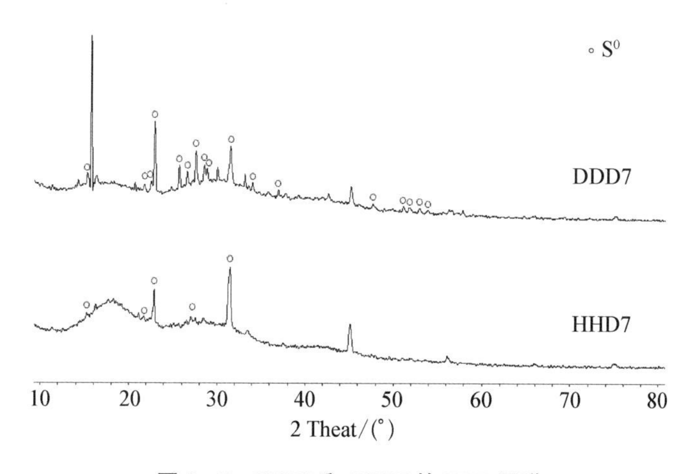

图 3－7　HHD7 和 DDD7 的 XRD 图谱

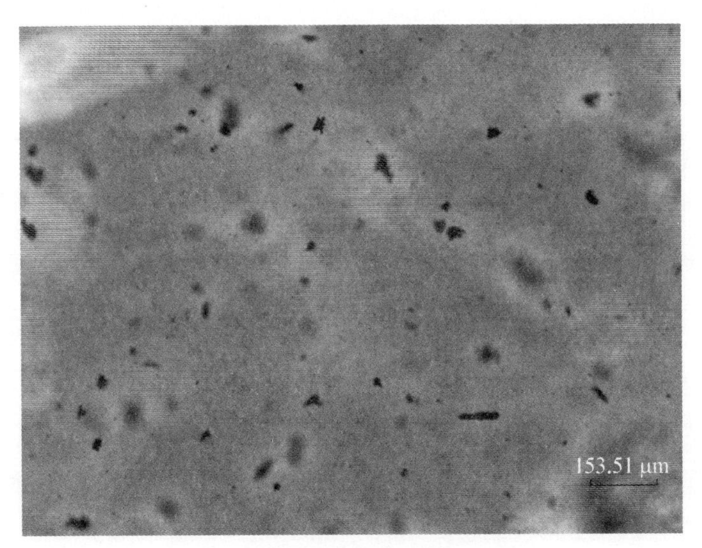

(a) 好氧条件下HHD5

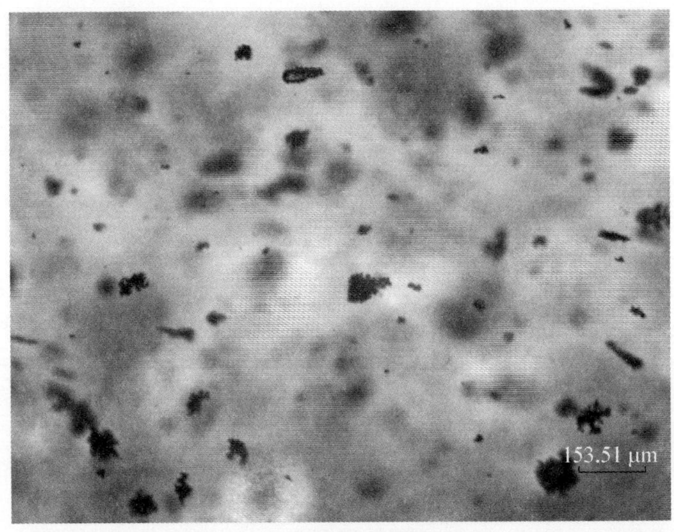

(b) 厌氧条件下HHD3

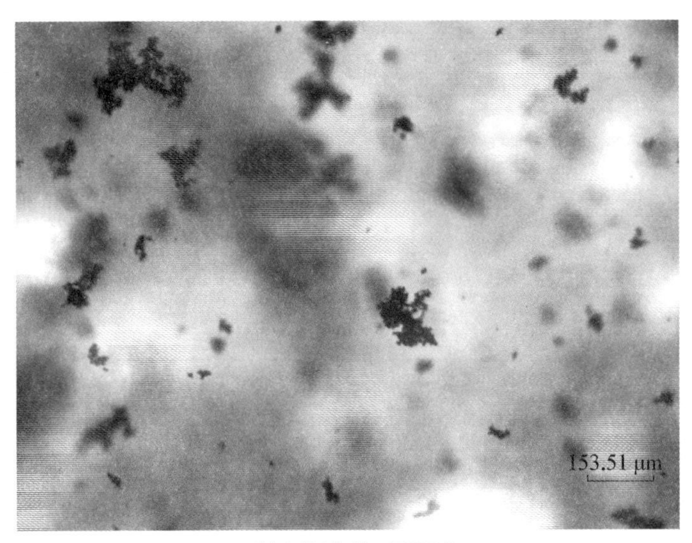

(c) 厌氧条件下HHD5

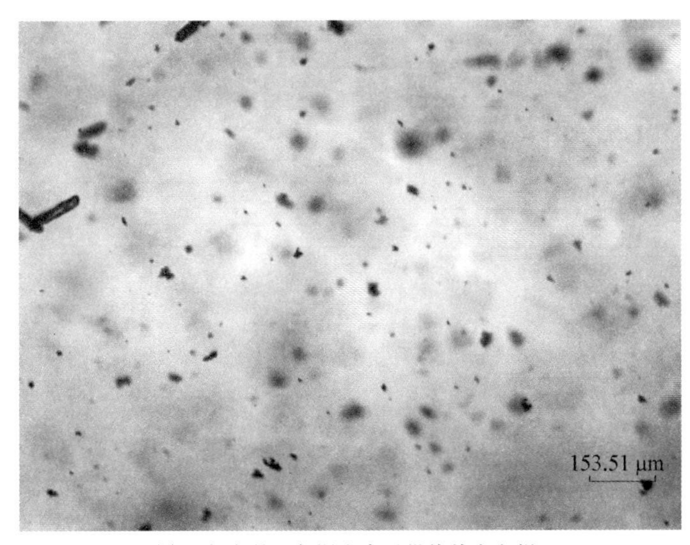

(d) 厌氧条件下加混合电子供体的空白样

图 3-8　样品照片

综上所述，好氧条件下增加微生物浓度可使Na_2S被更有效地利用，整个颗粒粒径向更小的方向发展。厌氧条件下增加微生物浓度可使整个样品中颗粒粒径向更大的方向发展，这可能有利于微生物在厌氧条件下对电子供体的利用。

3.3.2 混合电子供体的梯级能效理论的验证与应用

上一节的实验结果显示，混合电子供体与微生物菌群在好氧条件下可能存在梯级能效机制，从而促进微生物固碳。但是在上一节的研究中，微生物的初始接种量较低，初始微生物 TOC 约在 0.3 mg/L 以下。通过研究离子变化可知，过程只消耗了少量$NaNO_2$和$Na_2S_2O_3$。颗粒粒径的研究表明大量的Na_2S在被微生物利用前已经自发氧化。上述结果表明混合电子供体还有很大的供能潜力，可以为更多的微生物提供能量以固定CO_2。而要充分发挥这一潜力，使整个系统在单位体积上的CO_2固定效率得以提高，较理想的方法是大幅提高微生物的初始接种量。

第 2 章的研究结果显示，较高的初始微生物接种量有利于提高微生物固定CO_2的效率。但是提高微生物初始接种量的方式存在一定困难，因为混合电子供体培养后，由于较低浓度的微生物无法将全部Na_2S有效利用，样品中会有大量化合物颗粒产生，表明将大量微生物样品离心收集后，还需要分离微生物和化合物颗粒。为了便于实验操作，根据前一章的研究结果，即混合电子供体具有替代H_2的效应，本章首先使用不会产生化合物颗粒物质的电子供体H_2培养微生物，之后再将微生物收集并以一个较高的浓度接种于混合电子供体系统，从而实现对混合供体能量的高效利用，以实现高效固碳。该方法的好处不仅在于收集微生物时无需进行微生物和化合物的分离，而且也不会像使用混合电子供体富集时，由于微生物浓度较低而浪费大量的Na_2S。

因此，为验证高浓度接种条件下混合电子供体的LEE及替代效应，首先使用氢气富集微生物，收集后，以一个较大的浓度接种于添加了混合电子供体的培养基中。若高浓度接种条件下混合电子供体的LEE及替代效应存在，则样品的TOC浓度势必会大幅提高。

图3-9为好氧条件下样品培养96 h后的TOC及离子浓度。其中1～3代表接种不同浓度微生物的样品。1～3号样的初始TOC值分别为0.036 mg/L、3.6 mg/L和36 mg/L。各样品NO_2^-、$S_2O_3^{-}$和SO_4^{2-}的初始浓度分别为66.67 mmol/L、31.63 mmol/L和38.68 mmol/L。

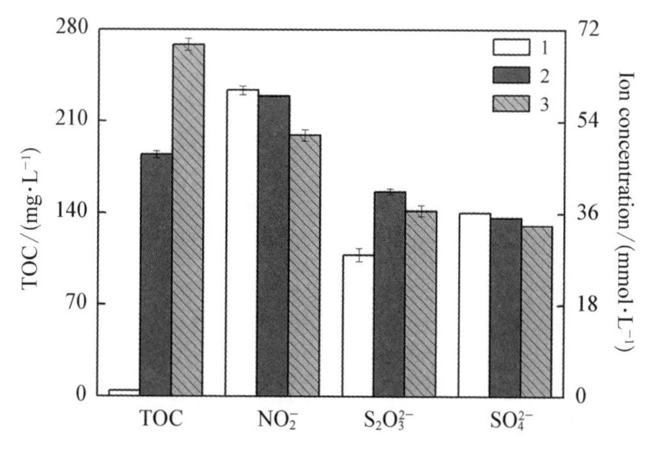

图3-9　好氧条件下样品培养96 h后的TOC及离子浓度

从图3-9中可见，提高接种量后，微生物固定的CO_2明显增加。其中3号样品的TOC值甚至达到268.73 mg/L，净CO_2固定量为853.34 mg/L（约为232.73 mg C/L）。根据本研究的实验条件，若CO_2全部溶解到培养基中，其浓度约为270 mg C/L。因此，3号样品中溶解的CO_2基本全部被微生物固定。经过96 h的培养，3号样品的NO_2^-和$S_2O_3^{2-}$浓度分别为51.27 mmol/L及36.50 mmol/L，而S^{2-}没有被检测到。几种可能的氧化产物中，SO_3^{2-}和NO_3^-均未被检测到，SO_4^{2-}的浓度为33.57 mmol/L。

总的来说，与初始浓度相比，NO_2^- 和 SO_4^{2-} 的浓度都减少，而且 1～3 号样的结果显示微生物初始接种浓度越高，2 种离子浓度减少得越多。同时，与 NO_2^- 和 SO_4^{2-} 相比，$S_2O_3^{2-}$ 的转化情况稍显复杂。在微生物初始接种量较小时(1 号样的情况)，$S_2O_3^{2-}$ 的浓度减少，而在微生物初始接种量较高时(2 号样、3 号样的情况)，$S_2O_3^{2-}$ 的浓度变高。和第 2 章好氧条件下的 HHD 系列相比，3 号样的 TOC、NO_2^-、$S_2O_3^{2-}$ 和 SO_4^{2-} 变化情况分别为＋255.21 mg/L、－4.25 mmol/L、＋9.09 mmol/L 和－6.60 mmol/L。TOC 得到了大幅增长，约增长 1 888%，而 NO_2^- 的消耗量仅增长约 33%，TOC 的增长幅度与 NO_2^- 的消耗幅度并不对应。此外，另一种电子供体 $S_2O_3^{2-}$ 的浓度相比其初始浓度呈现增加，与好氧条件下 HHD 系列的结果十分不同。而和 HHD 系列相比，3 号样的 SO_4^{2-} 浓度明显下降。上述结果似乎也证明了 LEE 理论的存在。根据 LEE，在大幅增加微生物的初始接种量后，其 CO_2 固定效率会相应增加，而在 3 种电子供体中，S^{2-} 是最终被消耗的电子供体，在其被完全消耗前，其他 2 种电子供体的消耗量不会太大，而实验结果与该推测基本一致。较大微生物浓度使其可以较充分地利用 S^{2-}，从而避免了大量 S^{2-} 的自发氧化。这与 1 号样的颗粒粒径检测结果相符，其颗粒体积、颗粒表面积及大多数颗粒直径平均为 27.67 μm、12.20 μm 和 4.90 μm。与图 3－6 中的 HHD 系列相比，1 号样的颗粒体积和颗粒表面积都明显减少，而两者的大部分颗粒直径差不多。1 号样具有较高微生物浓度条件，但是其大多数颗粒直径却仍较小，表明好氧条件下菌种与厌氧菌种不一样，不会趋向聚集。

从图 3－9 的结果可以推测混合电子供体的替代效应可能存在，但是 LEE 的存在还未得到验证，即 S^{2-} 与 NO_2^- 或 $S_2O_3^{2-}$ 间并不存在共生关系。图 3－9 的结果可能全部归结于 S^{2-} 的作用，与 NO_2^- 或 $S_2O_3^{2-}$ 无关。之前的实验结果显示，混合电子供体的效果好于单个电子供体。好氧条件下，

S^{2-}、NO_2^-或$S_2O_3^{2-}$单独作为电子供体时，S^{2-}的最佳效果与$S_2O_3^{2-}$的最佳效果相似，两者都好于NO_2^-的最佳效果。而进一步增加S^{2-}浓度并不能得到高效稳定的CO_2固定效率，表明混合电子供体的各成分间交互作用的重要性。而LEE正是由这些交互作用所组成，倘若没有这些交互作用，S^{2-}的作用则大幅下降。

另一实验结果也可有效证明LEE的存在。对3号样品进行总DNA提取并扩增16S rDNA，克隆后随机挑选150个菌种进行测序。测序后使用MEGA 5.05通过最大似然法构建系统发育树。实验结果见表3－2和图3－10。

表3－2 样品16S rDNA序列最相似的相关DNA

菌种序号（重复次数）	GenBank中最相似菌种名	序列号	相似度/%	样品号
1	Uncultured alpha proteobacterium clone MPCa6_B06 16S ribosomal	EF414103.1	97	3
2	Uncultured bacterium partial 16S rRNA gene, clone 63_C11	FN823351.1	96	4
3	Pseudomonas sp. A5 (2010) 16S ribosomal RNA gene, partial sequence	HM461889.1	96	14
4	Uncultured bacterium clone SBS－FW－013 16S ribosomal RNA gene, partial sequence	HQ326246.1	100	17
5	Alcanivorax sp. 3(2010) 16S ribosomal RNA gene, partial sequence	HQ188569.1	100	19
6	Uncultured Rhodobacteraceae bacterium clone DS008 16S ribosomal RNA gene, partial sequence	DQ234092.2	98	21
7	Shewanella aquimarina strain S0900 16S ribosomal RNA gene, partial sequence	HQ658896.1	94	23
8	Uncultured bacterium clone DR258 16S ribosomal RNA gene, partial sequence	JF429272.1	97	29

续 表

菌种序号（重复次数）	GenBank 中最相似菌种名	序列号	相似度/%	样品号
9	Pseudomonas oleovorans strain B21 16S ribosomal RNA gene, partial sequence	HQ697330.1	100	31
10	Erythrobacter sp. H301 16S ribosomal RNA gene, partial sequence	HQ622544.1	100	33
11	Marinobacter sp. D2 - 3M gene for 16S rRNA, partial sequence	AB617559.1	100	35
12	Uncultured bacterium clone EthaneSIP12 - 4 - 36 16S ribosomal RNA gene, partial sequence	GU584571.1	100	36
13	Vibrio ponticus strain CAIM 1292 16S ribosomal RNA gene, partial sequence	HM584081.1	95	40
14	Uncultured bacterium clone nbt40h02 16S ribosomal RNA gene, partial sequence	FJ894745.1	100	43
15	Uncultured bacterium clone SCS_HX36_109 16S ribosomal RNA gene, partial sequence	HM598242.1	100	45
16	Unidentified bacterium DNA for 16S rRNA (isolate HNS6)	Z88566.2	99	46
17	Uncultured bacterium clone SC15 16S ribosomal RNA gene, partial sequence	GU293185.1	99	47
18	Uncultured bacterium gene for 16S rRNA, partial sequence, clone: CK06 - 06_Mud_MAS4B - 22	AB369187.1	100	51
19	Uncultured organism clone ctg_NISA255 16S ribosomal RNA gene, partial sequence	DQ396030.1	100	64
20	Uncultured bacterium clone F6 - 30 16S ribosomal RNA gene, partial sequence	EU148680.1	99	66

续　表

菌种序号（重复次数）	GenBank 中最相似菌种名	序列号	相似度/%	样品号
21	Alcanivorax sp. enrichment culture clone M81C18 16S ribosomal RNA gene, partial sequence	HM171223.1	100	69
22	Uncultured bacterium clone a1.9 16S ribosomal RNA gene, partial sequence	EU627890.1	98	71
23	Alcanivorax sp. TVGB17 16S ribosomal RNA gene, partial sequence	GQ169073.1	100	74
24	Pseudomonas sp. G3DM-64 16S ribosomal RNA gene, partial sequence	EU037285.1	99	76
25	Uncultured bacterium clone 13c-92 16S ribosomal RNA gene, partial sequence	FJ626907.1	97	82
26	Stenotrophomonas sp. AGL 1 16S ribosomal RNA gene, partial sequence	EU118770.1	100	91
27	Shewanella loihica strain CAIM 1527 16S ribosomal RNA gene, partial sequence	HM584100.1	99	92
28	Shewanella marisflavi strain CP1 16S ribosomal RNA gene, partial sequence	FJ589035.1	100	93
29	Uncultured bacterium partial 16S rRNA gene, clone CcL16	FN567327.1	96	97
30	Uncultured gamma proteobacterium clone II45-35 16S ribosomal RNA, partial sequence	GU108550.1	94	98
31	Pseudomonas sp. BUS 07-45 16S rRNA gene, strain BUS 07-45	AM931045.1	99	111
32	Vibrio sp. TCFB 1976 gene for 16S rRNA, partial sequence	AB562591.1	98	113

续　表

菌种序号（重复次数）	GenBank 中最相似菌种名	序列号	相似度/%	样品号
33	Marinobacter sp. SCSWB23 16S ribosomal RNA gene, partial sequence	FJ461441.1	100	118
34	Uncultured bacterium clone G－79 16S ribosomal RNA gene, partial sequence	FJ901035.1	99	123
35	Uncultured bacterium clone marine_heat_C4 16S ribosomal RNA gene, partial sequence	HM363336.1	99	128
36	Uncultured bacterium clone ODP－18B－02 16S ribosomal RNA gene, partial sequence	DQ490022.1	100	129
37	Uncultured bacterium clone O8 16S ribosomal RNA gene, partial sequence	GQ377799.1	100	130
38	Pseudomonas sp. Gc－6－b 16S ribosomal RNA gene, partial sequence	FJ159438.1	100	135
39	Uncultured bacterium clone GBI－70 16S ribosomal RNA gene, partial sequence	GQ441251.1	100	137
40	Uncultured bacterium partial 16S rRNA gene, clone EI_33	AM921062.1	96	144
41(2)	Uncultured Pseudomonas sp. partial 16S rRNA gene, clone clone 55	FN868341.1	95	1
			95	13
42(2)	Uncultured Sphingomonadales bacterium clone PRTBB8644 small subunit ribosomal RNA gene, partial sequence	HM799048.1	99	15
			100	122
43(2)	Zobellella sp. JC2671 16S ribosomal RNA gene, partial sequence	HM475140.1	99	38
			99	94
44(2)	Pseudomonas sp. f1(2011) 16S ribosomal RNA gene, partial sequence	HQ652599.1	99	39
			100	126

续 表

菌种序号（重复次数）	GenBank 中最相似菌种名	序列号	相似度/%	样品号
45(2)	Uncultured bacterium clone marine_heat_A6 16S ribosomal RNA gene, partial sequence	HM363301.1	93	52
			99	148
46(2)	Pseudomonas sp. TGR5 16S ribosomal RNA gene, partial sequence	JF799821.1	99	55
			100	107
47(2)	Uncultured bacterium clone SAV03B03 16S ribosomal RNA gene, partial sequence	EU542180.1	100	59
			100	103
48(2)	Uncultured marine bacterium 16S rRNA gene, clone 16_10_00D09	FR685742.1	98	61
			98	110
49(2)	Uncultured bacterium clone SCS_HX28_15 16S ribosomal RNA gene, partial sequence	HM598194.1	100	62
			100	73
50(2)	Pseudomonas sp. M10-11 16S ribosomal RNA gene, partial sequence	AY880287.1	100	80
			100	116
51(2)	Uncultured bacterium clone UV-FW-034 16S ribosomal RNA gene, partial sequence	HQ326376.1	100	84
			100	127
52(2)	Uncultured bacterium clone MethaneSIP16-4-01 16S ribosomal RNA gene, partial sequence	GU584424.1	100	85
			100	145
53(2)	Uncultured bacterium clone SCS_HX28_25 16S ribosomal RNA gene, partial sequence	HM598199.1	97	131
			96	132
54(3)	Bacterium 2H102 16S ribosomal RNA gene, partial sequence	JF411492.1	100	9
			100	108
			100	150
55(3)	Pseudomonas sp. M10-12 16S ribosomal RNA gene, partial sequence	AY880296.1	100	18
			100	67
			100	114

续　表

菌种序号（重复次数）	GenBank 中最相似菌种名	序列号	相似度/%	样品号
56(3)	Uncultured Alcanivorax sp. clone bac669 16S ribosomal RNA gene, partial sequence	JF727668.1	96	20
			97	44
			96	134
57(3)	Vibrio sp. BS02 16S ribosomal RNA gene, partial sequence	HM596341.1	99	28
			100	139
			100	146
58(3)	Rhodobacter sp. Bo10－19 16S ribosomal RNA gene, partial sequence	EU839358.1	100	30
			100	87
			100	115
59(4)	Uncultured bacterium clone BE326ant17a11 16S ribosomal RNA gene, partial sequence	GQ921395.1	100	5
			96	57
			97	96
			96	141
60(4)	Vibrio alginolyticus strain CAIM 1774 16S ribosomal RNA gene, partial sequence	HM584116.1	100	50
			100	81
			100	102
			100	143
61(5)	Uncultured bacterium partial 16S rRNA gene, clone IWNB003	FR744543.1	100	6
			100	25
			100	53
			100	60
			100	142
62(9)	Uncultured bacterium clone Bms_MS80 16S ribosomal RNA gene, partial sequence	HQ697711.1	100	32
			100	41
			100	63
			100	78

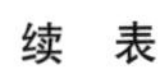

续　表

菌种序号（重复次数）	GenBank 中最相似菌种名	序列号	相似度/%	样品号
62(9)	Uncultured bacterium clone Bms_MS80 16S ribosomal RNA gene, partial sequence	HQ697711.1	100	104
			100	121
			100	125
			99	140
			100	147
63(18)	Uncultured bacterium clone BW－23 16S ribosomal RNA gene, partial sequence	EU877662.1	99	7
			100	10
			100	16
			100	26
			99	27
			99	34
			100	42
			100	56
			100	58
			99	68
			99	72
			99	79
			99	99
			100	112
			99	119
			99	133
			98	136
			99	149
64(29)	Vibrio natriegens 16S ribosomal RNA gene, partial sequence	HM771343.1	98	2
			98	8
			98	11

续 表

菌种序号（重复次数）	GenBank中最相似菌种名	序列号	相似度/%	样品号
64(29)	Vibrio natriegens 16S ribosomal RNA gene, partial sequence	HM771343.1	98	12
			97	22
			98	24
			98	37
			98	48
			99	49
			98	54
			98	65
			98	70
			98	75
			98	77
			98	83
			98	86
			98	88
			94	89
			98	90
			98	95
			98	100
			98	101
			98	105
			98	106
			98	109
			98	117
			98	120
			98	124
			98	138

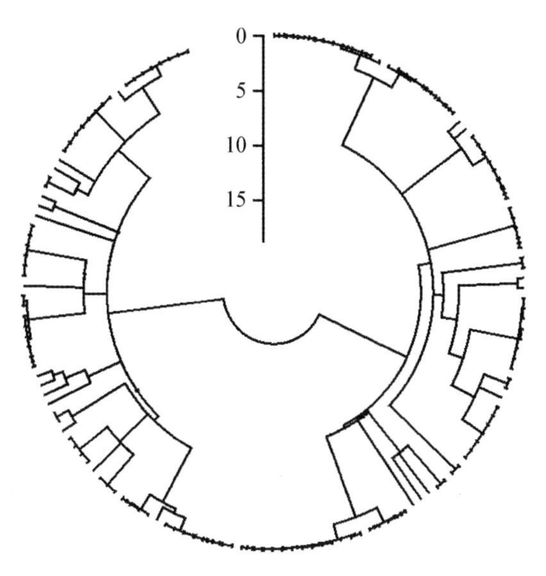

注：图中 0、5、10 和 15 代表进化距离

图 3－10　3 号样品 16S DNA 构建的系统发育树分支图

从图 3－10 可见，系统发育树有很多发育分支，而且微生物间进化距离较大，表明 3 号样的微生物多样性较为丰富，同时可能存在较多的能量代谢和合成代谢途径。若 3 号样 TOC 大幅增长的原因完全归结于 S^{2-}，则 3 号样的微生物多样性应该较差，因为其利用的能源物质较为单一，而这显然与图 3－10 不符。此外，从表 3－2 可知，在随机挑选的 150 个样品中，共鉴定出 64 个不同菌种，其中 36 个是不可培养微生物，即只能依靠共生作用生长的微生物。属于不可培养微生物的样品有 79 个，占总样品数的 53%（这一结果仅供参考，其准确性要低于定量 PCR）。从上述结果分析，可以认为 3 号样品是由多种共生关系构成的共生 CO_2 固定系统。在鉴定出的 64 个不同菌种中，有 3 个菌种的重复率在 5 以上，其中 2 个是共生菌，重复次数分别为 9 和 18。重复频率最高的菌种是 Vibrio natriegens，其重复频率为 29。根据伯杰氏系统细菌学手册上的记载[216]，Vibrio natriegens 是一种异养海洋细菌。它的特点在于其倍增时间较短，仅为 9.8 min，而且可以

利用的有机物种类较为广泛。此外，它还可以将硝酸盐还原为亚盐硝酸盐。在表 3-2 中多次出现的 Alcanivorax 有着较强的降解有机物的能力。之前推测 LEE 可能是基于自养和异养微生物间的共生作用存在，上述实验结果都证明了 LEE 是可能存在的。

另一方面，根据 LEE 的原理，推测其可能适用于一个较为宽泛的组合模型，而不仅适用于 S^{2-}、NO_2^- 和 $S_2O_3^{2-}$ 的组合。所以通过丰富或替代混合电子供体的组成成分，构建了具有更强效果的混合电子供体系统。在探索其他可能有效的电子供体实验中，Fe^0可有效提高微生物固定 CO_2 效率，而纳米 Fe^0 的效果更好，比普通 Fe^0效果高 50%。而且 Fe^0 也是可以逐步氧化的（$Fe^0 \rightarrow Fe^{2+} \rightarrow Fe^{3+}$）[217]，这一原理与 S^{2-} 十分相似，Fe^0 可能具有丰富混合电子供体构成的潜力。在混合电子供体中，Fe^0 也可能代替 S^{2-} 或与 S^{2-} 共存。LEE 可能还适用于其他还原过程，如微生物产氢等。

3.4 本章小结

本章从混合电子供体的能量可利用性角度出发，通过分析电子供体的离子浓度变化、颗粒粒径及颗粒成分等，研究混合电子供体对非光合微生物固碳的增效机制，提出了混合电子供体与非光合微生物菌群间存在 LEE 的理论，并从高密度接种和菌群群落结构等方面进一步验证了 LEE 的存在。具体结果如下：

(1) 样品培养 96 h，混合电子供体中各成分因微生物作用而产生的变化结果为好氧条件下 NO_2^- 和 $S_2O_3^{2-}$ 分别消耗了 15.96 mmol/L 和 1.81 mmol/L；厌氧条件下 NO_2^- 和 $S_2O_3^{2-}$ 分别消耗了 9.37 mmol/L 和 6.06 mmol/L。两种条件下，S^{2-} 都完全被消耗，但微生物只利用了其中的一部分，其余大部分S^{2-}都发生了自发氧化或其他化学变化。电子供体氧化可能会产生的氧化产物有SO_4^{2-}、SO_3^{2-}和NO_3^-，但只有SO_4^{2-}被检测到浓度变化，好氧或厌氧条件下SO_4^{2-}浓度在加入微生物后都减少，且分别减少了6.27 mmol/L和1.28 mmol/L，好氧条件下减少的原因可能是微生物将S^{2-}有效利用，并氧化成其他含硫化合物，减少其自发氧化为SO_4^{2-}。厌氧条件下减少的原因可能是微生物将SO_4^{2-}作为电子受体利用。好氧或厌氧条件下，各电子供体的变化有悖于这些电子供体正常的氧化还原反应过程。

(2) 微生物在利用混合电子供体时可能存在一种特殊作用——梯级能效。其过程为以$S_2O_3^{2-}$或NO_2^-作为中间传递单位(作为电子供体或受体)获得从S^{2-}释放的电子用于固定CO_2。该过程使非光合微生物菌群中非硫细菌能利用来自S^{2-}的优质能源(电子)，从而提高混合菌群对混合电子供体能量的可利用性，促进微生物菌群的固碳效率。

(3) 经XRD检测，在好氧条件下，混合电子供体加入培养基且未接种微生物，经过96 h的反应后，S^{2-}会自发氧化生成大量S^0。而激光粒度仪的检测结果表示，由S^{2-}自发氧化生成的S^0形成了具有较大粒径的颗粒物质。而微生物的接种，有利于减少颗粒物质的生成，且微生物浓度越高，大颗粒物质减少越明显，表明较高浓度的微生物可以更快速有效地利用S^{2-}。

(4) 微生物初始接种量较低时，无法充分利用混合电子供体，使其关键成分S^{2-}产生大量的自身氧化，而$S_2O_3^{2-}$及NO_2^-在微生物固定CO_2过程中消耗量较少。整个混合电子供体存在着较大的潜在能量供应。基于混合电子供体的替代效应和LEE设计的高浓度微生物接种实验，表明在较大微生物接种量情况下，微生物最高TOC达到268.73 mg/L，基本将溶解于培养基中的CO_2固定。这一结果不但验证了混合电子供体的替代效应和LEE的存在，也证实了混合电子供体可以为微生物固碳供应充足的能量。

(5) 16S DNA测序结果表明，测定的150个样品中有79个是不可培养微生物，即共生菌占总样品数的53%，而测定的样品中重复频率最高的菌种是一种异养微生物，其重复频率为29。此外，样品中还存在其他的异养微生物菌种，表明整个微生物菌群是由自养和异养微生物构成的，且两类微生物间的交互作用导致了梯级能效的存在。

(6) 实验结果证明混合电子供体的梯级能效和替代效应是一个普遍现象。其中自养和异养菌间相互作用过程可能为非光合微生物菌群中的各自养微生物菌种利用其相应的电子供体，通过将电子供体氧化得到能量，在获得能量过程中将无机碳转化成各种有机物质，并释放到胞外，如糖原等；之后，菌群中部分异养或兼性自养微生物利用产生的有机物质作为能源和碳源，同时将一些电子供体的氧化产物还原，从而实现电子供体和电子受体间的转换。在这一过程中异养微生物通过改变电子供体氧化过程的实际自由能，使整个过程释放出更多的能量。这一过程可以使自养微生物受益，而且过程中异养微生物消耗了部分有机物，很多有机物对不同自养微生物都有不同程度的抑制效果。而且异养微生物快速利用了自养微生物通过固定CO_2转化来的有机物，从而提高整个菌群固定CO_2的效率。

第4章 有机物对非光合微生物固定CO_2的影响

4.1 概　　述

土壤是一个巨大的碳库，含有丰富的无机碳且具有较高的CO_2浓度。据报道全球土壤碳库为 2 500 Gt，其中包括 950 Gt 无机碳[218]。由于植物根部与微生物的生物活性以及土壤中气体释放到大气中受到一定限制，土壤中CO_2浓度可以达到1%～5%，甚至会超过10%[172]。因此非光合微生物固定CO_2技术十分适宜应用于土壤环境。非光合微生物可以通过固定CO_2增加土壤的有机质含量，从而达到改良土壤的效果并减少土壤CO_2的释放。根据研究结果，非光合微生物在土壤中固定CO_2效率较低，但就全球碳循环而言起着极其重要的作用[60]。有关非光合微生物在土壤中固定CO_2的研究也越来越多[60, 172]。然而土壤中有机物的种类非常丰富，很多有机物对微生物的自养代谢有抑制作用[219]，这可能是非光合微生物在土壤中固定CO_2效率较低的主要原因之一。通过研究有机物对非光合微生物固定CO_2的影响及其机制，可以为建立有效的调控手段提供理论基础，最终起到减少有机碳影响的效果。本章研究将有助于非光合微生物固定CO_2技术在土壤环境中的应用。

4.2　实验材料和方法

4.2.1　实验材料

4.2.1.1　化学试剂

本章使用化学药品参见第 2 章第 2.2.1.1 节。

4.2.1.2　生物试剂

FL－AA 荧光检测试剂盒(西格玛,美国)。

本章使用的其他生物试剂见第 2 章第 2.2.1.2 节。

4.2.1.3　培养基

本章使用培养基见第 2 章第 2.2.1.3 节。

4.2.1.4　菌种来源

菌种来源于前期实验中长期驯化的非光合微生物菌种[201]。

4.2.1.5　仪器与设备

3560 型光度计(New Horizons Diagnostics,美国)。

4.2.2　实验方法

4.2.2.1　非光合微生物的培养

本章非光合微生物的基本培养步骤见第 2 章第 2.2.2.2 节。

4.2.2.2　CO_2固定效率的测定

单个微生物细胞的 ATP 一般是恒定的,所以,ATP 荧光计数法在环境领域常被应用于微生物计数[220]。本章的研究利用 ATP 荧光计数法，考察微生物利用碳源的情况。由于单个微生物菌种含碳量一般也恒定，所以样品的 ATP 相对光单位和 TOC 数据密切相关，理论上可以相互折算，而且实验中也发现 ATP 相对光单位(Relative Light Units，RLU)与 TOC 相关。因此，利用 RLU 可以在存在有机碳源的情况下反映微生物的 TOC 含量。样品 ATP RLU 的检测方法为将 1 mL 待测样品与 9 mL 0.05%苯扎溴铵一起添加至 15 mL 规格的离心管中，漩涡震荡 1.5 min，之后立刻使用 FL－AA 荧光检测试剂盒及 3560 型光度计检测样品的 ATP RLU。

本章使用的其他 CO_2 固定效率的测定见第 2 章第 2.2.2.4 节。

4.2.2.3　单因素实验

本章研究选择葡萄糖、ATP 和 NADH 作为有机碳源，研究有机碳源对微生物固定 CO_2 的影响。实验中首先通过将不同浓度的葡萄糖、ATP 或 NADH 加入到培养基中，研究各有机碳源单体的作用。其中葡萄糖浓度为 5×10^{-4} g/L；ATP 浓度范围为 $6.20\times10^{-3}\sim6.20$ mg C/L；NADH 浓度范围为 $2.97\times10^{-3}\sim1.49\times10^{1}$ mg C/L。3 种碳源除葡萄糖在加入培养基后一起灭菌外，后 2 种在培养基灭完菌后加入。每个实验点有 3 个重复样。

4.2.2.4　中心组合响应面法

采用响应面法中的中心组合设计来研究好氧条件下 ATP 和 NADH 同时加入对微生物固定 CO_2 的影响，并考察其影响趋势。优化实验中包括 5 个中心点，共 13 组实验。所有变量包括有一个中央编码(0)。在设计实验和分析实验结果时，实验中各变量的浓度范围为编码后范围，ATP 的浓度范围为 5～10 mg/L，其被编码为 5 为－1 水平，10 为＋1 水平；NADH

的浓度范围为 2.5～7.5 mg/L，其被编码为 2.5 为－1 水平，7.5 为＋1 水平。为了进行统计计算，各变量实际值 X_i 被编码为 x_i，两者关系如式(4－1)。

$$x_i = (X_i - X_0)/\Delta X \tag{4-1}$$

式中，x_i是独立变量的量纲值；X_i代表实际的独立变量值；X_0为 X_i在中心点时的值；ΔX 为步长。

RSM 对于实验数据分析是通过如下二阶多项式方程进行的。

$$y = \beta_0 + \sum_{i=1}^{n}\beta_i X_j + \sum_{i=1}^{n}\beta_{ii} X_i^2 + \sum \sum_{i<j=1}^{n}\beta_{ij} X_i X_j \tag{4-2}$$

式中，y 为响应值(TOC，mg/L)；X_i 和 X_j 是编码的独立变量；β_0、β_i、β_{ii} 和 β_{ij}分别是截距、线性、二次及交互常数系数。利用 Design Expert 对于实验数据进行回归分析和方差分析(ANOVA)。

本实验中，每个样品重复样 3 次，去除偏差较大的样品数值，保留两个数值相近的样品值，以提高样品的准确性[202]。

4.3 实验结果与讨论

4.3.1 有机物对非光合微生物固定CO_2的影响

葡萄糖作为典型的有机物，是微生物的较好碳源之一。葡萄糖在活细胞的新陈代谢过程中具有十分重要的作用。同时葡萄糖对微生物的自养代谢过程也具有较明显的负面效应[221]。由于葡萄糖是有机物，加入培养基后很难从样品的 TOC 值考察微生物对于碳源的利用情况，而 ATP 荧光技术则能解决难题。所以，在由无机碳和有机碳组成的碳源中，使用 ATP 荧光技术研究微生物的生长情况。

实验组可以分为 2 个系列，其中系列 1 为培养基中仅添加葡萄糖作为唯一碳源；系列 2 为 20％的 CO_2 和培养基中添加葡萄糖作为碳源。系列 1 是作为基础值，通过 2 个系列的比较，研究不同碳源对微生物生长的影响，结果见图 4－1(由于 Y 轴的步长为 1 个数量级，所以各样品间数值的实际差异大于图上所显示的差异)。两个系列 1～5 号样品的实验结果十分相近，表明在样品中微生物的异养代谢占主导地位。两个系列 1 号和 2 号样

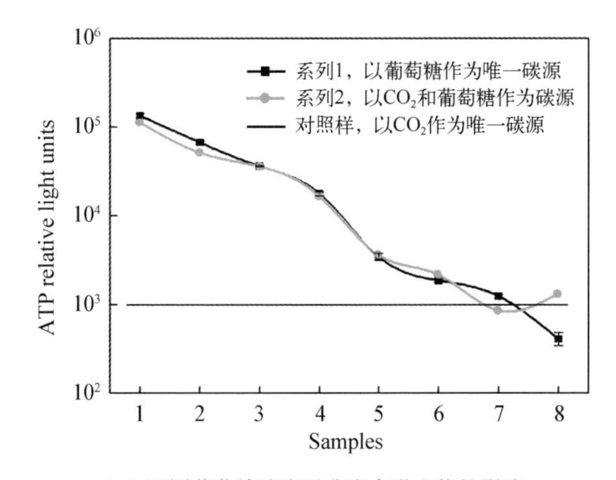

(a) 不同葡萄糖浓度对非光合微生物的影响

b

No	Glucose /(g・L^{-1})	Standard Deviation	
		Series 1	Series 2
1	1	6 555	4 285
2	5×10^{-1}	3 012	1 598
3	1×10^{-1}	675	3 442
4	5×10^{-2}	897	390
5	1×10^{-2}	326	272
6	5×10^{-3}	86	238
7	1×10^{-3}	54	11
8	5×10^{-4}	69	118

(b) 1～8 号样品的葡萄糖浓度和 RLU 值

图 4－1　不同碳源对微生物生长的影响对比

品的实验结果有些细微差异，原因可能是系列 2 中添加了 20% CO_2，导致培养环境中 O_2的浓度下降。从 6 号样品开始两个系列间开始出现明显差异，对于 6 号和 8 号样品，系列 2 比系列 1 生长得更好。该结果表明，添加的 20% CO_2促进了微生物的生长，而且 2 个系列间的差异主要是由微生物固定 CO_2所导致，这在 8 号样品中尤为明显。另外，8 号样品中 2 个系列间的差异的绝对值低于对照样水平，即低于不加葡萄糖样品的水平。这表明由微生物固定 CO_2所形成的 ATP 低于对照样水平。总体而言，加入不同浓度的葡萄糖，微生物的自养代谢受到不同程度的抑制。在较高葡萄糖浓度下，微生物的异养代谢占绝对优势，只有在较低葡萄糖浓度下，微生物的自养代谢才显示出来。

葡萄糖对微生物固定 CO_2 产生抑制原因可能有很多。如在葡萄代谢过程中可能消耗了原本用于自养代谢的能量[222]；微生物自养代谢过程中的能量代谢及其偶联的合成代谢在葡萄糖存在的情况下被抑制[221]；在葡萄糖代谢过程中会产生很多有抑制性累积物[223]。为找出葡萄糖抑制的主要原因，利用不同浓度葡萄糖培养微生物样品，通过离心过程去掉葡萄糖和胞外累积物。收集微生物后将其接入无有机碳源的环境中再次培养，以考察有机碳源对微生物固定 CO_2 的影响是否仍然存在。由于预培养的条件各不相同，各样品的初始微生物 TOC 也不同。为更有效地对实验结果进行对比，使用微生物固定 CO_2效率作为衡量标准，其定义如下：

$$微生物固定 CO_2 效率 (mg/mg) = (样品 TOC - 初始 TOC)/ 初始 \tag{4-3}$$

从图 4-2 中可见，与对照样(0 号样)相比，1 号和 2 号样的 CO_2固定效率较低，而这两个样前期利用较高浓度的葡萄糖培养。考虑到胞外有机碳源和代谢物通过离心和冲洗基本已被去除，微生物固定 CO_2 的效率仍较低的原因可能在于胞内累积物。由图 4-1 可见，不同浓度葡萄糖对样品的自养代谢均有抑制作用。而在图 4－2 中，7 号样品的 TOC 中已去掉开始时加入的葡萄糖的 TOC，对于微生物 CO_2 固定效率的解释参见式(4－3)。虽然 1 号和 2 号样的 CO_2 固定效率低于对照样水平，但 3 号、4 号、5 号和 6 号样品的 CO_2 固定效率都高于对照样水平。该结果表明，葡萄糖代谢产生的胞内累积物除了有抑制效果外，还产生了提高 CO_2 固定效率的效果。葡萄糖代谢产生的胞内累积物很可能也存在于微生物的自养代谢过程中。由此可见，葡萄糖对于微生物的自养代谢过程同时存在促进和抑制效果。

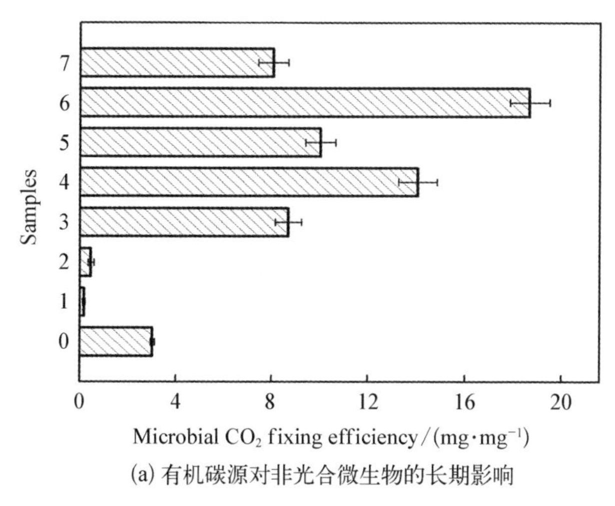

(a) 有机碳源对非光合微生物的长期影响

	Culture conditions		Pre-culture conditions	
	Glucose in the medium/(g·L^{-1})	CO_2 in gas/%	Glucose in the medium/(g·L^{-1})	CO_2 in gas/%
7	5×10^{-4}	20	5×10^{-4}	20
6	0	20	5×10^{-4}	20
5	0	20	5×10^{-4}	0.04
4	0	20	5×10^{-3}	20
3	0	20	5×10^{-3}	0.04
2	0	20	1	20
1	0	20	1	0.04
0	0	20	0	20

(b) 0～7 号样品的培养条件

图 4－2　葡萄糖对微生物生长的影响对比

2 号、4 号和 6 号样品在预培养中分别用不同浓度葡萄糖和 20% CO_2 作为碳源培养，与其分别对应的 1 号、3 号和 5 号样品仅使用相同浓度的葡萄糖和空气中微量 CO_2(约 400 ppm)作为碳源培养。研究结果显示，2 号、4 号和 6 号样品的微生物 CO_2固定效率分别要高于 1 号、3 号和 5 号样品，表明较高的无机碳浓度对微生物固定 CO_2有正面作用。而比较 6 号和 7 号样品可知，在加入有机物后微生物固定 CO_2效率仍被明显抑制。但是 7 号样的微生物固定 CO_2效率仍高于对照样。

通过 1～6 号样品与对照样相比可知，在预培养时用高浓度葡萄糖培养的样品(1 号和 2 号样品)，累积物对 CO_2固定效率具有负面影响。而在预培养时用较低浓度葡萄糖培养的样品(3～6 号样品)，累积物对 CO_2固定效率具有正面影响。高浓度和低浓度葡萄糖代谢时产生的累积物可能是相同的，样品间 CO_2固定效率的差异可能是由于几种不同的累积物间的浓度差异造成。而且，不同的累积物可能具有不同的功能。一般而言，葡萄糖分解代谢中产生的累积物对微生物有 3 种效果，首先，可被用作为微生物的碳骨架；其次，可被作为能源物质，如 ATP；最后，也可被作为还原力，如 NADH。葡萄糖的代谢产物可能是微生物自养代谢的中间产物。Butler 发现一种严格自养微生物 Thiobacillus thiooxidans，可以将天门冬氨酸同化到细胞中，但当加入天门冬氨酸时，则对微生物的自养代谢产生抑制作用[223]。所以上述累积物，如氨基酸和有机酸对微生物固定 CO_2效率有抑制作用。

4.3.2 有机物抑制非光合微生物固定CO_2的机理与调控措施初探

上一节的研究发现，葡萄糖对微生物的自养代谢过程具有抑制效果。CO_2和有机物分别作为碳源的差别为 CO_2无法为微生物提供能量和还原力。如糖酵解过程中，一个葡萄糖分子可以产生 2 个 ATP 和 2 个 NADH。这一功能上的优势可能使有机碳源的竞争性优于无机碳源。ATP 和 NADH 是微生物的代谢产物，也是典型的有机物。研究 ATP(能源)和

NADH(还原力)对微生物固定 CO_2 效率影响有助于阐明有机物对非光合微生物固碳过程的抑制机理。

ATP 在微生物的合成代谢中是一种十分重要的能源物质，也是微生物固定 CO_2 过程中的主要能源。通过加入不同浓度的 ATP 研究此类有机物对微生物固定 CO_2 过程的影响，实验结果见图 4-3。从图中可见，和对照样(0 号样)相比，ATP 的存在并没有降低微生物固定 CO_2 的效率。相反地，加入 ATP 后微生物固定 CO_2 的效率得到了提高。其中，16～20 号样品的 CO_2 固定效率和对照样相比提高了约 50%，表明有机物的加入也可以增

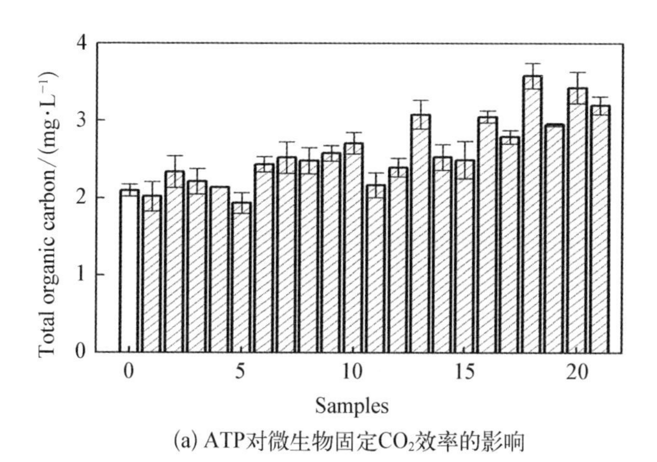

(a) ATP对微生物固定 CO_2 效率的影响

No	ATP/(mg C·L⁻¹)	No	ATP/(mg C·L⁻¹)	No	ATP/(mg C·L⁻¹)
0	0	8	1.24×10^{-3}	16	1.24×10^{-7}
1	6.20	9	6.20×10^{-4}	17	6.20×10^{-8}
2	1.24	10	1.24×10^{-4}	18	1.24×10^{-8}
3	6.20×10^{-1}	11	6.20×10^{-5}	19	6.20×10^{-9}
4	1.24×10^{-1}	12	1.24×10^{-5}	20	1.24×10^{-9}
5	6.20×10^{-2}	13	6.20×10^{-6}	21	6.20×10^{-10}
6	1.24×10^{-2}	14	1.24×10^{-6}		
7	6.20×10^{-3}	15	6.20×10^{-7}		

注：初始微生物 TOC 为 0.69 mg/L；图中各样品加入的 ATP 的 TOC 值已被去除

(b) 0～21 号样品的 ATP 浓度

图 4-3　加入不同浓度的 ATP 对微生物固定 CO_2 的影响

强微生物固定CO_2的效率。分析其原因可能是在微生物固定CO_2过程中ATP作为能源或碳源。倘若作为碳源，加入的ATP量不足以支撑非光合微生物的生长。16～21号样品加入的ATP浓度为$1.24\times10^{-7}\sim6.20\times10^{-10}$ mg C/L，远低于初始微生物TOC值(0.69 mg/L)和样品固定的CO_2(平均约3 mg/L)。因此ATP作为碳源对微生物的生长和异养代谢的作用可以忽略不计。在微生物中分布最广泛的卡尔文循环，固定1分子的CO_2需要3分子的ATP作为能源。18号样品的CO_2固定效率是最高的，固定的CO_2和ATP比值为8×10^{-8}(mol/mol)。该结果表明，添加的ATP远不能提供足够的能源给微生物用于固定CO_2。另外一个ATP促进微生物固定CO_2的原因可能是所加入的微量ATP起到了某种酶的激活剂作用[224]。此外，即使是在没有微生物作用的情况下，在培养基中加入的ATP也会逐步转化成ADP和AMP。因此，所加入ATP的作用是由ATP及其衍生物ADP和AMP综合作用效果。

除ATP以外，作为还原力的NADH在微生物固定CO_2的过程中也是非常重要的因素之一。实验中加入不同浓度的NADH以研究此类有机物对微生物固定CO_2过程的影响，实验结果见图4-4。从图中可见，和对照样(0号样品)相比，在加入较低浓度NADH的样品中(4～8号样品)，样品的CO_2固定效率没有明显变化。而当NADH浓度较高时(1～3号样品)，样品的CO_2固定效率得到明显提高，其中1号样尤为明显，与对照样相比1号样的CO_2固定效率提高了53%。

总体而言，ATP和NADH的影响效果基本类似，两者对微生物的CO_2固定效率没有明显抑制。相反，在低ATP浓度和高NADH浓度下，微生物的CO_2固定效率反而得到了提高。然而，有机碳源，如葡萄糖和果糖可以同时提供给微生物能量和还原力。因此，当ATP和NADH同时添加时，两者的影响效果可能会和单独作用时不一样。因此，通过中心组合响应面法研究ATP和NADH同时加入时产生的影响效果，实验结果见表4-1。

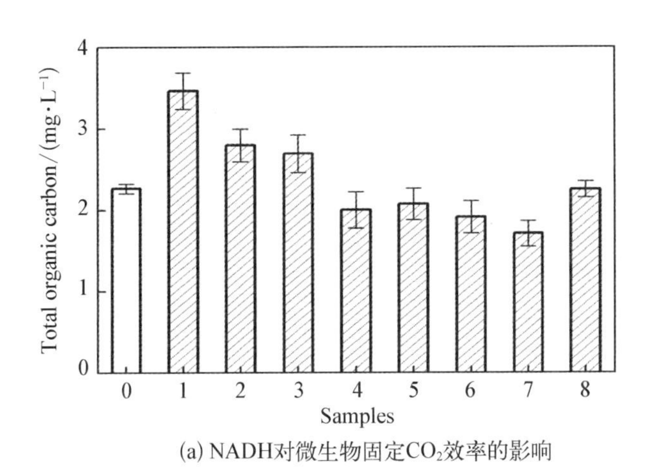

(a) NADH对微生物固定 CO_2 效率的影响

No	NADH/(mg C・L⁻¹)	No	NADH/(mg C・L⁻¹)	No	NADH/(mg C・L⁻¹)
0	0	3	1.49×10^{0}	6	2.97×10^{-2}
1	1.49×10^{1}	4	2.97×10^{-1}	7	1.49×10^{-2}
2	2.97×10^{0}	5	1.49×10^{-1}	8	2.97×10^{-3}

注：初始微生物 TOC 为 0.72 mg/L；图中各样品加入的 NADH 的 TOC 值已被去除

(b) 0～8 号样品的 NADH 浓度

图 4－4　加入不同浓度的 NADH 对微生物固定 CO_2 的影响

表 4－1　设计两个变量实验的实验结果及预测结果　　mg/L

序　号	因　素		总有机碳		
	ATP	NADH	实验组(a, b)		预　测
1	7.50	1.46	2.36	2.20	2.24
2	5.00	2.50	2.46	2.63	2.58
3	10.00	2.50	3.17	2.89	3.06
4	3.96	5.00	2.69	2.46	2.54
5	7.50	5.00	2.66	2.58	2.67
6	7.50	5.00	2.70	2.56	2.67
7	7.50	5.00	2.51	2.83	2.67
8	7.50	5.00	2.61	2.81	2.67
9	7.50	5.00	2.71	2.75	2.67

续　表

序　号	因　素		总有机碳		
	ATP	NADH	实验组(a, b)		预测
10	11.04	5.00	3.63	3.84	3.70
11	5.00	7.50	2.75	2.95	2.88
12	10.00	7.50	3.33	3.44	3.42
13	7.50	8.54	3.64	3.33	3.46

注：初始微生物 TOC 为 0.61 mg/L；对照样 TOC 为 2.06 mg/L；实验结果中所加入的 ATP 和 NADH 的 TOC 值已被减去；预测结果来自式(4-4)。

对实验结果进行回归分析，同时加入 ATP 和 NADH 时，微生物固定CO_2的效率 *TOC* 可由式(4-4)表示：

$$TOC = 2.67 + 0.41A + 0.43B + 0.014AB + 0.23A^2 + 0.089B^2 - 0.26A^2B - 0.15AB^2 \quad (4-4)$$

式中，A 为 ATP 浓度水平；B 为 NADH 浓度水平。

通过方差分析得到该回归方程的 R^2 值为 0.933 1，表明模型与实验数据高度拟合，样品 *TOC* 变化的 93.31%可以归结为由于各因素的原因，相对地，只有 6.69%的总变化不能由该模型解释。该方程的调整 R^2 为 0.907 1，预测 R^2 为 0.831 2，调整 R^2 和预测 R^2 相互之间相差在 0.2 之间，符合要求。整个模型的 F 值为 35.87，较高的 F 值说明所建立的模型可以很好地适用于微生物固定CO_2效率的分析和研究。模型的 lack of fit 的 p 值为 0.32，高于 0.05，说明与绝对误差相关性不显著，对整个模型来说十分有利。模型的足够精度值为 20.05 远大于 4，说明建立的模型能够适合于实验设计空间。由上述方差分析可知，该模型能够比较准确地反映实验结果，同时可以利用所建立的模型进行分析。

经过方差分析在模型中，A, B 和 A^2 的 p 值均小于 0.000 1。AB, B^2, A^2B 和 AB^2 的 p 值分别为 0.768 1、0.020 8、0.000 8 和 0.030 3。当 p 值小

于 0.05 时，表示该项对响应值具有显著影响；当 p 值大于 0.10，则表示该项对响应值没有显著影响。由此可见，ATP 与 NADH 对整个模型有显著影响，且 ATP 与 NADH 间不存在交互作用。

根据回归方程建立 3D 响应面曲线图，用于研究 ATP 和 NADH 对微生物固定 CO_2 的影响，并确定最大 TOC 值时各因素最佳水平。如图 4－5 所示，整个响应面和轮廓线基本对称，表明 ATP 和 NADH 对于微生物固定 CO_2 的影响相似。而微生物固定 CO_2 的效率随着 ATP 和 NADH 浓度升高而升高，TOC 最高点出现在 ATP 和 NADH 浓度最高时。这一结果表明，ATP 和 NADH 同时存在有利于微生物的自养代谢。

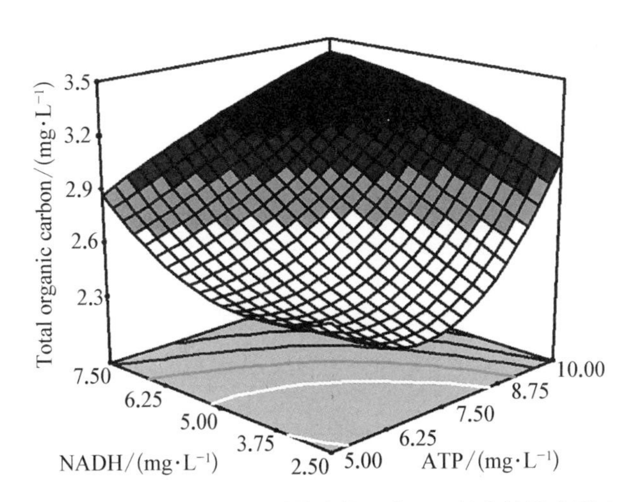

图 4－5　ATP 和 NADH 对微生物固定 CO_2 效率的综合影响

有研究表明有机物会抑制微生物的自养代谢[222]。本章研究结果表明，葡萄糖对微生物的自养代谢有明显抑制作用；ATP 和 NADH 对微生物的自养代谢没有明显抑制作用，甚至在某些浓度下 ATP 和 NADH 对微生物的自养代谢有促进作用。综上所述，不是所有有机碳对微生物的自养代谢都有抑制作用，只有可作为良好碳源的有机物，如葡萄糖等，对微生物的自养代谢有抑制作用。有机物质对微生物自养代谢的抑制可能不是由有机碳和无机碳功能（能量和还原力）差异造成，而是因为它们的合成代谢过程导致。葡萄糖及其分解产物可能在低碳化合物向高碳化合物转化过程中起到了调节作用,例如在糖异生过程。实验结果表明,可以作为良好有机碳源的有机物(葡萄糖等)对微生物的自养代谢过程既有促进也有抑制作用。其负面作用可能来自可以构成微生物骨架的氨基酸和有机酸,而其正面作用可能来自 ATP 和 NADH。在葡萄糖浓度较高时,有较多的氨基酸和有机酸被生成,这导致 ATP 和 NADH 的促进效果被遮盖或抵消。

另外,上述结果显示,较高浓度无机碳的存在有助于提高微生物在含有机物环境下的CO_2固定效率;通过低浓度有机物的预培养,有助于提高微生物在下一个培养期的CO_2固定效率。因此,为尽量消减环境中(如土壤环境)有机物对非光合微生物固定CO_2的抑制效应,可以通过增加环境中无机碳浓度以减少有机碳的负面作用,如可向环境中投加$CaCO_3$,或将非光合固碳微生物首先在低浓度有机碳培养基中预培养,之后再在释放到含有机物的环境(如土壤环境)中,以提高其固碳效率。

4.4 本章小结

本章研究结果表明,部分有机物对非光合微生物固定CO_2的影响较显著,但并非所有有机物都存在抑制效果,且有机物对非光合微生物的作用较为复杂。本章研究结果对于将非光合微生物应用于土壤等含有机物的环境中有效固碳具有一定的指导意义。具体研究结果如下:

(1) 加入不同浓度的葡萄糖时,非光合微生物固定CO_2的效率均降低,而 ATP 或 NADH 的加入却没有抑制非光合微生物固定CO_2,甚至在某些浓度下具有促进效果,ATP 和 NADH 的最佳促进效果均可达约 50%。这表明只有可以作为良好有机碳源的物质,如葡萄糖才会抑制非光合微生物菌群的自养代谢。

（2）有机物对微生物自养代谢的影响较为复杂，主要是因为在异养代谢过程中葡萄糖等有机物可能会生成多种有机代谢产物，其中氨基酸和有机酸可能对微生物自养代谢具有抑制作用，而 ATP 和 NADH 则对微生物自养代谢具有促进作用。有机物对微生物自养代谢的影响实际上是这两种效果的综合作用。

（3）增加环境中无机碳源的浓度有助于减少有机物对非光合微生物固碳的抑制效应。此外，用低浓度有机物预培养微生物也有助于减少在后续培养过程中有机物的影响。

第5章 结论与展望

5.1 结　　论

利用非光合微生物固定 CO_2 的优点主要是其环境适应性强，可以在较为宽泛的温度、pH、CO_2 浓度、光照及盐浓度下生存，但是其固定 CO_2 效率较低。本研究在已获得非光合固碳微生物菌群的基础上，利用微生物间的共生作用，通过构建和优化混合电子供体作为能源物质和还原力来源，以期大幅提高非光合固碳微生物菌群在好氧/厌氧环境下的 CO_2 固定效率；同时，验证了混合电子供体促进非光合微生物固碳效率的普遍性，探索了混合电子供体的增效机制。为实现该非光合固碳微生物菌群在土壤等含有机物环境中的有效固碳，还考察了有机物对该菌群固碳过程的抑制效应，研究了有机物的抑制机理和可能的调控措施。本研究得到的主要结论如下：

(1) 单一微生物菌种可利用的能量物质有限，而混合微生物则具有更丰富的能量代谢和合成代谢途径，不仅可利用多种能源物质，而且由于其含有多种合成代谢途径，可以根据环境条件选择最有利途径。$NaNO_2$、$Na_2S_2O_3$ 和 Na_2S 作为电子供体均可有效增加非光合微生物菌群固碳效率，且各电子供体的促进效应各不相同。通过一系列分子生物学手段研究发现，非光合微生物菌群对于不同电子供体存在不同的响应，菌群结构随着不同电子供体而调节。菌群中会出现只对特定电子供体有特殊响应的优势菌，同时也有对所有电子供体均有响应的优势菌。前者可能是具有特殊能量代谢途径的微生物，后者可能是具有较高效合成代谢途径的微生物。这两种微生物共生生长。群落结构的变化结果显示，菌群对于不同电子供体的不同响应似乎可以叠加，表明若使用混合电子供体，非光合微生物菌群固定 CO_2 效率可能更高。

(2) $NaNO_2$、$Na_2S_2O_3$ 和 Na_2S 作为电子供体可以有效增加非光合微生物菌群固定 CO_2 效率，好氧条件下各电子供体的效果由强到弱依次为 $NaNO_2$、$Na_2S_2O_3$ 和 Na_2S，厌氧条件下各电子供体的最佳效果由强到弱依次为 $Na_2S_2O_3$、$NaNO_2$ 和 Na_2S。但是，电子供体单独作用时，促进效果有限。$NaNO_2$、$Na_2S_2O_3$ 和 Na_2S 的最佳效应浓度范围在好氧条件下分别是 0.25%～0.75%、0.50%～1.00%、0.75%～1.25%；在厌氧条件下分别是 0.55%～1.05%、0.60%～1.10%、0.75%～1.25%。当电子供体在一定浓度条件下达到最佳效果后，通过改变其用量已不能使其效果进一步增加。

(3) 在好氧和厌氧条件下，使用混合电子供体培养非光合微生物菌群，各电子供体间具有交互作用，且随着电子供体的总浓度上升而增强，这些交互作用都有利于提高微生物的固碳效率。通过响应面法构建和优化混合电子供体系统，在好氧条件下最佳混合电子供体为 0.46% $NaNO_2$、0.50% $Na_2S_2O_3$ 和 1.25% Na_2S，厌氧条件下最佳混合电子供体为 1.04% $NaNO_2$、1.07% $Na_2S_2O_3$ 和 0.98% Na_2S。利用优化后的混合电子供体培养微生物，其固碳效率在好氧或厌氧条件下可分别提高到 387.51 mg CO_2/L 和 512.57 mg CO_2/L，而不使用混合电子供体时分别为 5.94 mg CO_2/L 和 7.14 mg CO_2/L。

(4) 将好氧和厌氧条件下最优混合电子供体直接作用于来自全球四大

洋10多个海域的海水样品，其效果普遍较好。好氧和厌氧条件下的固碳效果分别为H_2的376%和385%。这表明混合电子供体的效果具有普遍性。若先使用H_2培养，再用混合电子供体替代H_2培养(以下简称HHD)，其效果远好于继续使用H_2培养的样品(以下简称HHH)。而且在初始微生物接种量较小的情况下，可以达到和连续使用混合电子供体培养的样品类似的效果(以下简称DDD)。该结果表明，混合电子供体还具有替代效应。混合电子供体的增效效果普遍性以及替代作用，都可适用于群落结构不一致的菌群，即混合电子供体对于不同的菌群都具有促进效果。菌群来自不同海域或预先通过H_2或NH_4^+预驯化，其群落结构必然是有差异的，这就意味着它们的CO_2固定途径可能不同。因此，混合电子供体的促进效应主要可能取决于能量的有效性，而影响合成代谢的途径或活性的可能性较低。即使菌群的CO_2固定途径相同，混合电子供体的效果仍然主要取决于能量的有效性，而不是合成代谢。

(5) 从离子浓度变化、颗粒粒径及固体成分组成入手，研究混合电子供体的增效机制，结果显示微生物在利用混合电子供体时存在一种特殊作用——梯级能效。梯级能效的过程为以$S_2O_3^{2-}$或NO_2^-作为中间传递单位(作为电子供体或受体)获得从S^{2-}释放的电子用于固定CO_2。该过程使非光合微生物在利用混合电子供体时能源有效性增强。另外，研究发现由于微生物浓度较低，无法充分利用混合电子供体，导致混合电子供体中的关键成分S^{2-}发生自身氧化，而$S_2O_3^{2-}$及NO_2^-在微生物固定CO_2过程中消耗量较少，整个混合电子供体可能存在较大的潜在能量供应。基于混合电子供体的梯级能效和替代作用，设计了高浓度微生物验证实验，结果表明微生物最高TOC达到268.73 mg/L，基本可将溶解在培养基中的CO_2都固定。

(6) 16S rDNA测序结果表明，测定的150个样品中有79个是不可培养微生物，即共生菌占总样品数的53%，而测定的样品中重复频率最高的菌种是一种异养微生物，其重复频率为29。此外，样品中还存在其他的异养微生物菌种，表明整个微生物菌群是由自养和异养微生物构成的，且两类微生物间的交互作用导致了梯级能效的存在。

（7）有机物对于非光合微生物固定 CO_2 具有较大影响。加入不同浓度的葡萄糖都会降低非光合微生物固定 CO_2 的效率，而 ATP 或 NADH 的加入却没有抑制非光合微生物固定 CO_2，甚至在一定浓度下具有促进效果。该研究结果表明，只有可以作为良好有机碳源的物质，如葡萄糖才会抑制微生物的自养代谢。有机物对微生物自养代谢的影响较为复杂，主要是因为在异养代谢过程中有机物可能会生成多种有机产物，如氨基酸和有机酸可能对微生物自养代谢有抑制作用。而 ATP 和 NADH 则对微生物自养代谢有促进作用。有机物对微生物自养代谢的影响实际上是这两种效果的综合作用。增加环境中无机碳源的浓度有助于减少有机物的影响，此外，用低浓度有机物预培养微生物也有助于减少在后续培养过程中有机物的影响。

5.2 展　　望

本研究取得了一定的研究成果，但是利用非光合微生物固定 CO_2 及其资源化仍然处于探索研究阶段，要实现其工业化应用，还有一些问题亟待解决。

首先，高浓度菌种可将混合电子供体的供能潜力充分发挥，但是菌种的富集和收集存在一定困难，主要是因为 Na_2S 没有被微生物充分利用时，会自发氧化产生大量颗粒物，不利于微生物的分离收集。因此，需要探讨并找出最佳固碳效果且不产生颗粒物的混合电子供体，如 $NaNO_2$ 和 $Na_2S_2O_3$ 的组合、$NaNO_2$、$Na_2S_2O_3$ 和低剂量 Na_2S 的组合。此外，也可以从颗粒物的收集入手研究，如找出化合物颗粒和微生物粒径间何时产生最大差距，从而通过滤膜去除化合物颗粒等。

其次，根据混合电子供体梯级能效的原理，推测其可能适用于一个较为宽泛的组合模型，而不仅适用于 S^{2-}、NO_2^- 和 $S_2O_3^{2-}$ 的组合。所以，可以通过丰富或替代混合电子供体的组成成分来构建一个有着更强效果的混合电子供体系统。Fe^0 就是一个有效的候选者，而且 Fe 在使用后可以通过磁力将其收集回用。另外，由于纳米 Fe^0 效果比一般 Fe^0 更好，纳米技术的应用可能会进一步提高非光合微生物固定 CO_2 效果。

有机物对非光合微生物固定 CO_2 的抑制效果可以通过多种手段控制，如通过基因改造或使用遮蔽剂以降低有机物的抑制效果。研究简便且有效的反抑制方法将有利于非光合微生物固定 CO_2 技术在土壤环境中的应用。

此外，非光合微生物和光合微生物间可能存在共生作用或者不存在相互抑制。为了获得更好的 CO_2 固定效果，可通过两种微生物或两种微生物所对应的生物反应器的耦合进行 CO_2 固定。

参考文献

[1] Zhang X H, Li L Q, Pan G X. Topsoil organic carbon mineralization and CO_2 evolution of three paddy soils from South China and the temperature dependence [J]. Journal of Environmental Sciences, 2007, 19(3): 319 - 326.

[2] Caballero A, Despagnet-Ayoub E, Diaz-Requejo M M, et al. Silver-Catalyzed C-C Bond Formation Between Methane and Ethyl Diazoacetate in Supercritical CO_2 [J]. Science, 2011, 332(6031): 835 - 838.

[3] Darensbourg D J. Chemistry of Carbon Dioxide relevant to its utilization: A personal perspective [J]. Inorganic Chemistry, 2010,49: 10765 - 10780.

[4] Oexmann J, Hensel C, Kather A. Post-combustion CO_2-capture from coal-fired power plants: Preliminary evaluation of an integrated chemical absorption process with piperazine-promoted potassium carbonate [J]. International Journal of Greenhouse Gas Control, 2008,2(4): 539 - 552.

[5] Okabe K, Mano H, Fujioka Y. Separation and recovery of carbon dioxide by a membrane flash process [J]. International Journal of Greenhouse Gas Control, 2008,2(4): 485 - 491.

[6] Rodriguez N, Alonso M, Grasa G, et al. Process for capturing CO_2 arising from the calcination $CaCO_2$ used in cement manufacture [J]. Environmental Science & Technology, 2008,42(18): 6980 - 6984.

[7] Yang H Q, Xu Z H, Fan M H, et al. Progress in carbon dioxide separation and capture: A review [J]. Journal of Environmental Sciences, 2008, 20 (1): 14 - 27.

[8] Yamasaki A. An overview of CO_2 mitigation options for global warming-Emphasizing CO_2 sequestration options [J]. Journal of Chemical Engineering of Japan, 2003,36(4): 361 - 375.

[9] IPCC. 2001. Climate change 2001: The scientific basis. In: Houghton J T, Ding Y, Griggs D J, Noguer M, van der Linden P J, Dai X, Maskell K, Johnson CA (eds). Contribution of Working Group I to the Third Assessment Report of the Intergovernmental Panel on Climate Change. Cambridge, U K and New York, NY, USA: Cambridge University Press.

[10] IPCC, 2007: Summary for Policymakers. In: Climate Change 2007: The Physical Science Basis. Contribution of Working Group I to the Fourth Assessment Report of the Intergovernmental Panel on Climate Change. Solomon, S., D. Qin, M. Manning, Z. Chen, M. Marquis, K. B. Averyt, M. Tignor and H. L. Miller (eds.). Cambridge University Press, Cambridge, United Kingdom and New York, NY, USA.

[11] Oppenheimer M, Alley R B. The West Antarctic ice sheet and long term climate policy [J]. Climatic Change, 2004,64: 1 - 10.

[12] Solomon S, Plattner G, Knutti R. Irreversible climate change due to carbon dioxide emissions [J]. Proceedings of the National Academy of Sciences of the United States of America, 2009,106: 1704 - 1709.

[13] Rignot E, Kanagaratnam P. Changes in the velocity structure of the Greenland ice sheet [J]. Science, 2006,311: 986 - 990.

[14] Joughin I, Das S B, King M A, et al. Seasonal speedup along the western flank of the Greenland ice sheet. Science, 2008,320: 781 - 783.

[15] Pfeffer W T, Harper J T, O'Neel S. Kinematic constraints on glacier contributions to 21st-century sea-level rise [J]. Science, 2008, 321:

1340 - 1343.

[16] Charbit S, Paillard D, Ramstein G. Amount of CO_2 emissions irreversibly leading to the total melting of Greenland [J]. Geophysical Research Letters, 2008,35: L12503.

[17] Parizek B R, Alley R B. Implications of increased Greenland surface melt under global warming scenarios: ice-sheet simulations [J]. Quaternary Science Reviews, 2004,23: 1013 - 1027.

[18] Allen M R, Ingram W J. Constraints on future changes in climate and the hydrologic cycle [J]. Nature, 2002,419: 224 - 232.

[19] Seager R, Ting M, Held I, et al. Model projections of an imminent transition to a more arid climate in southwestern North America [J]. Science, 2007,316: 1181 - 1184.

[20] Zhang X, Zwiers F W, Hegerl G C, et al. Detection of human influence on twentieth-century precipitation trends [J]. Nature, 2007,448: 461 - 465.

[21] Gao X, Giorgi F. Increased aridity in the Mediterranean region under greenhouse gas forcing estimated from high resolution simulations with a regional climate model [J]. Global and Planetary Change, 2008,62: 195 - 209.

[22] Burke E J, Brown S J, Christidis N. Modelling the recent evolution of global drought and projections for the Twenty-First century with the Hadley Centre climate model [J]. Journal of Hydrometeorology, 2006,7: 1113 - 1125.

[23] Sugi M, Noda A, Sato N. Influence of the global warming on tropical cyclone climatology: an experiment with the JMA global model [J]. Journal of the Meteorological Society of Japan, 2002,80: 249 - 272.

[24] Emanuel K. Increasing destructiveness of tropical cyclones over the past 30 years [J]. Nature, 2005,436: 686 - 688.

[25] 陈泮勤. 全球气候变化的研究与进展[J]. 环境科学,1993,14(4): 16 - 23.

[26] 陈泮勤. 全球增暖对自然灾害的可能影响[J]. 自然灾害学报,1996,5(2): 95 - 101.

[27] 陈泮勤. 全球增暖——人类面临的重大挑战. 见：世界发展状况[M]. 北京：北京国际文化出版社，1998.

[28] Ye D Z, Chen P Q. Global Change Report-First Report of Related Studies in China [M]. Beijing: China Meteorological Press, 1993.

[29] Cramer W, Bondeau A, Woodward F I, et al. Global response of terrestrial ecosystem structure and function to CO_2 and climate change: results from six dynamic global vegetation models [J]. Global Change Biology, 2001, 7: 357 - 373.

[30] Long S P, Ainsworth E A, Leakey A D B. Food for thought: lower-than-expected crop yield stimulation with rising CO_2 concentrations [J]. Science, 2006,312: 1918 - 1921.

[31] Bakun A. Global climate change and intensification of coastal ocean upwelling [J]. Science, 1990,247: 198 - 201.

[32] Haines A, Kovats R S, Campbell-Lendrum D, et al. Climate change and human health: impacts, vulnerability, and mitigation [J]. The Lancet, 2006, 367: 2101 - 2109.

[33] Haines A, Patz J A. Health effects of climate change [J]. The Journal of the American Medical Association, 2004,291: 99 - 103.

[34] McMichael A J, Woodruff R E, Hales S. Climate change and human health: present and future risks [J]. The Lancet, 2006,367: 859 - 869.

[35] Ahern M, Kovats R S, Wilkinson P, et al. Global health impacts of floods: epidemiologic evidence [J]. Epidemiologic Reviews, 2005,27: 36 - 46.

[36] Vorosmarty C J, Green P, Salisbury J, et al. Global water resources: vulnerability from climate change and population growth [J]. Science, 2000, 289: 284 - 288.

[37] Arnell N W. Climate change and global water resources: SRES emissions and socio-economic scenarios [J]. Global Environmental Change, 2004,14: 31 - 52.

[38] 张志强. 气候变化专报第 32 期[M]. 兰州：中国科学院资源环境科学与技术

局,2010.

[39] 徐永福.二氧化碳生物地球化学循环研究进展[J].地球科学进展,1995,10(4):367-372.

[40] IEA, 2010. CO_2 emissions from fuel combustion [C]. International Energy Agency, Paris, France, 2010.

[41] Mark D L. Myths and realities about energy and energy-related CO_2 emissions in China [C]. International seminar on nuclear war and planetary emergencies 42nd sessions: Session 6, Energy, climate, pollution and limits of development, 2008.

[42] IEA, 2011. World energy outlook [C]. International Energy Agency, London, England, 2011.

[43] IPCC. 1990. Climate change: The IPCC scientific assessment. In: Houghton J T, Meira Filho L J, Callder B A, Harris N, Kattenberg A, Maskell K (eds). Intergovernmental Panel on Climate Change [C]. Cambridge University Press, 1990.

[44] Thomas. Carbon dioxide capture for storage in deep geologic formations results from the CO_2 capture project [M]. UK: Elsevier Science Ltd, 2005.

[45] Span R, Wagner W. A new equation of state for carbon dioxide covering the fluid region from the triple-point temperature to 1100 K at pressures up to 800 MPa [J]. Journal of Physical and Chemical Reference Data, 1996,25(6): 1509.

[46] Piri M, Prévost J H, Fuller R. Carbon dioxide sequestration in saline aquifers: evaporation, precipitation and compressibility [C]. Fourth Annual Conference on Carbon Capture and sequestration Doe/Netl, 2005.

[47] Bach S. Screening and ranking of sedimentary basins for sequestration of CO_2 in geological media in response to climate change [J]. Environmental Geology, 2003,44: 277-289.

[48] Franklin M O Jr, Onshore Geologic Storage of CO_2 [J]. Science, 2009, 325 (5948): 1656-1658.

[49] House K Z, Schrag D P, Harvey C F, et al. Permanent carbon dioxide storage in

deep-sea sediments [J]. Proceedings of the National Academy of Sciences of the United States of America, 2006,103(33): 12291 - 12295.

[50] Qi R, Beraldo V, LaForce T, et al. Design of carbon dioxide storage in aquifers [J]. International Journal of Greenhouse Gas Control, 2009,3: 195 - 205.

[51] Goldberg D S, Takahashi T, Slagle A L. Carbon dioxide sequestration in deep-sea basalt [J]. Proceedings of the National Academy of Sciences of the United States of America, 2008,105(29): 9920 - 9925.

[52] Halmann M, Steinfeld A. Hydrogen production and CO_2 fixation by flue-gas treatment using methane tri-reforming or coke/coal gasification combined with lime carbonation [J]. International Journal of Hydrogen Energy, 2009,34(19): 8061 - 8066.

[53] Nikulshina V, Gebald C, Steinfeld A. CO_2 capture from atmospheric air via consecutive CaO-carbonation and $CaCO_2$-calcination cycles in a fluidized-bed solar reactor [J]. Chemical Engineering Journal, 2009,146: 244 - 248.

[54] Ahmadi F, Tangestaninejad S, Moghadam M, et al. Electron-deficient tin(IV) tetraphenylporphyrin perchlorate: A highly efficient catalyst for chemical fixation of carbon dioxide [J]. Polyhedron, 2012,32(1): 68 - 72.

[55] Jin F, Gao Y, Jin Y, et al. High-yield reduction of carbon dioxide into formic acid by zero-valent metal/metal oxide redox cycles [J]. Energy & Environmental Science, 2011,4: 881 - 884.

[56] Gao J, He L N, Miao C X, et al. Chemical fixation of CO_2: efficient synthesis of quinazoline-2,4 (1H, 3H)-diones catalyzed by guanidines under solvent-free conditions [J]. Tetrahedron, 2010,66(23): 4063 - 4067.

[57] Goldstein L D, Ray T B, Kestler D P, et al. Biochemical characterization of panicum species which are intermediate between C3 and C4 photosynthesis plants [J]. Plant Science Letters, 1976,6(2): 85 - 90.

[58] Badger M R, Caemmerer S, Ruuska S, et al. Electron flow to oxygen in higher plants and algae: rates and control of direct photoreduction (Mehler reaction)

and rubisco oxygenase [J]. Philosophical Transactions of the Royal Society B Biological Sciences, 2000,355(1402): 1433 - 1446.

[59] 王晓刚,李立清,唐琳,等. CO_2资源化利用的现状及前景[J]. 化工环保,2006,26(3): 198 - 203.

[60] Miltner A, Kopinke F D, Kindler R, et al. Non-phototrophic CO_2 fixation by soil microorganisms [J]. Plant and Soil, 2005,269(1 - 2): 193 - 203.

[61] Morais M G, Costa J A V. Isolation and selection of microalgae from coal fired thermolelectric power plant for biofixation of carbin dioxide [J]. Energy Conversion and management, 2007,48: 2169 - 2173.

[62] 付军,郝博,董元彦. 几株光合细菌的分离鉴定及净水能力分析[J]. 湖北农业科学,2007,46(3): 390 - 392.

[63] Ono E, Cuello J L. Design parameters of solar concentrating systems for CO_2-mitigating algal photobioreactors [J]. Energy, 2004,29(9 - 10): 1651 - 1657.

[64] Aresta M, Dibenedetto A, Barberio G. Utilization of macro-algae for enhanced CO_2 fixation and biofuels production: Development of a computing software for an LCA study [J]. Fuel Processing Technology, 2005,86: 1679 - 1693.

[65] 周集体,王竞,杨凤林. 微生物固定 CO_2 的研究进展[J]. 环境科学进展,1999,7(1): 1 - 9.

[66] Thomas. Carbon dioxide capture for storage in deep geologic formations results from the CO_2 capture project. UK: Elsevier Science Ltd, 2005: 1 - 15.

[67] Atomi H. Microbial enzymes involved in carbon dioxide fixation. Journal of Bioscience and Bioengineering, 2002,94(6): 497 - 505.

[68] Alvaro M, Baleizao C, Das D, et al. CO_2 fixation using recoverable chromium salen catalysts: use of ionic liquids as cosolvent or high-surface-area silicates as supports [J]. Journal of Catalysis, 2004,228(1): 254 - 258.

[69] Buchanan B B, Arnon D I. A reverse KREBS cycle in photosynthesis: consensus at last [J]. Photosynthesis Research, 1990,24: 47 - 53.

[70] Schauder R, Widdel F, Fuchs G. Carbon assimilation pathways in sulfate-

reducing bacteria II. Enzymes of a reductive citric acid cycle in the autotrophic Desulfobacter hydrogenophilus [J]. Archives of Microbiology, 1987, 148(3): 218－225.

[71] Monika B, Gerhard S, Robert H, et al. Enzymes of the reductive citric acid cycle in the autotrophic eubacterium Aquifex pyrophilus and in the archaebacterium Thermoproteus neutrophilus [J]. Archives of Microbiology, 1993, 160(4): 306－311.

[72] Ragsdale S W, Riordan C G. The role of nickel in acetyl-CoA synthesis by the bifunctional enzyme CO dehydrogenase/acetyl-CoA synthase: enzymology and model chemistry [J]. Journal of Biological Inorganic Chemistry, 1996, 1: 489－493.

[73] Rolf S, Andrea P, Mike J, et al. Oxidative and reductive acetyl CoA/carbon monoxide dehydrogenase pathway in Desulfobacterium autotrophicum [J]. Archives of Microbiology, 1989, 151(1): 84－89.

[74] Herter S, Fuchs G, Bacher A, et al. A bicyclic autotrophic CO_2 fixation pathway in Chloroflexus aurantiacus [J]. Journal of Biological Chemistry, 2002, 277: 20277－20283.

[75] Berg I A. Ecological aspects of the distribution of different autotrophic CO_2 fixation pathways [J]. Applied and Environmental Microbiology, 2011, 77(6): 1925－1936.

[76] Berg I A, Kockelkorn D, Buckel W, et al. 3－Hydroxypropionate /4－Hydroxybutyrate autotrophic carbon dioxide assimilation Pathway in archaea [J]. Science, 2007, 318: 1782－1786.

[77] Huber H, Gallenberger M, Jahn U, et al. A dicarboxylate/4－hydroxybutyrate autotrophic carbon assimilation cycle in the hyperthermophilic Archaeum Ignicoccus hospitalis [J]. Proceedings of the National Academy of Sciences of the United States of America, 2008, 105(22): 7851－7856.

[78] Egli T. The ecological and physiological significance of the growth of

heterotrophic microorganisms with mixtures of substrates [J]. Advances in Microbial Ecology, 1995,14: 305 - 386.

[79] Alldredge A L, Cole J J, Caron D A. Production of heterotrophic bacteria inhabiting macroscopic organic aggregates (marine snow) from surface waters [J]. Limnology and Oceanography, 1986,31(1): 68 - 78.

[80] Gocke K, Dawson R, Liebezeit G. Availability of dissolved free glucose to heterotrophic microorganisms [J]. Marine Biology, 1981,62(2 - 3): 209 - 216.

[81] Williams P J. Heterotrophic utilization of dissolved organic compounds in the sea [J]. Journal of the Marine Biological Association of the United Kingdom, 1970, 50: 859 - 870.

[82] Shively J M, Keulen G, Meijer W G. Something from almost nothing: Carbon dioxide fixation in chemoautotrophs [J]. Annual Review of Microbiology, 1998, 52: 191 - 230.

[83] Buchanan J M, Hastings A B. The use of isotopically marked carbon in the study of intermediary metabolism [J]. Physiological Reviews, 1946,26(1): 120 - 155.

[84] Stewar J D. A chemist's perspective on the use of genetically engineered microbes as reagents for organic synthesis [J]. Biotechnology and Genetic Engineering Reviews, 1997,14: 67 - 143.

[85] Pan P, Umbreit W W. Growth of obligate autotrophic bacteria on glucose in a continuous flow-through apparatus [J]. Journal of Bacteriology, 1972,109(3): 1149 - 1155.

[86] Matin A. Organic nutrition of chemolithotrophic bacteria [J]. Annual Review of Microbiology, 1978,32: 433 - 468.

[87] Frattini C J, Leduc L G, Ferroni G D. Strain variability and the effects of organic compounds on the growth of the chemolothotrophic bacterium Thiobacillus ferrooxidans [J]. Antonie van Leeuwenhoek, 2000, 77 (1): 57 - 64.

[88] Madigan M T, Martinko J M. Brock Biology of Microorganisms [M], 11th ed..

Beijing: Science Press, 2009.

[89] Caccavo Jr F, Blakemore R P, Lovely D R. A Hydrogen-Oxidizing, Fe(III)-Reducing Microorganism from the Great Bay Estuary, New Hampshire [J]. Applied and Environmental Microbiology, 1992,58(10): 3211 - 3216.

[90] Winogradsky S. Concerning sulfur bacteria. In R. N. Doetsch (Ed.), Microbiology: Historical Contributions from 1776 to 1908 [M]. New Brunswick, NJ: Rutgers University Press, 1887.

[91] Aleem M I H. Oxidation of inorganic nitrogen compounds [J]. Annual Review of Plant Physiology, 1970,21: 67 - 90.

[92] Bock E, Wagner M. Oxidation of inorganic nitrogen compounds as an energy source [M]. The Prokaryotes, 2006, Part1: 457 - 495.

[93] Kirstein K, Bock E. Close genetic relationship between Nitrobacter hamburgensis nitrite oxidoreductase and Escherichia coli nitrate reductases [J]. Archives Microbiology, 1993,160(6): 447 - 453.

[94] Dionisi H M, Layton A C, Harms G, et al. Quantification of nitrosomonas oligotropha-like ammonia-oxidizing bacteria and nitrospira spp. from full-scale wastewater treatment plants by competitive PCR [J]. Applied and Environmental Microbiology, 2002,68(1): 245 - 253.

[95] Mulder A, Graaf A A, Bovertson L A, et al. Anaerobic ammonium oxidation discovered in a denitrifying fluidized bed reactor [J]. FEMS Microbiology Ecology, 1995,16(3): 177 - 184.

[96] Jetten M S M, Wagner M, Fuerst J, et al. Microbiology and application of the anaerobic ammonium oxidation ('anammox') process [J]. Current Opinion in Biotechnology, 2001,12(3): 283 - 288.

[97] Walsh F, Mitchell R. pH-Dependent succession of iron bacteria [J]. Environmental Science & Technology, 1972,6(9): 809 - 812.

[98] Dubinina G A. Mechanism of the oxidation of divalent iron and manganese by iron bacteria developing in a neutral acidic medium [J]. Mikrobiogiia, 1978,

47(4)：591－599.

[99] Aresta M，Dibenedetto A，Barberio G. Utilization of macro-algae for enhanced CO_2 fixation and biofuels production：development of a computing software for an LCA study [J]. Fuel Processing Technology，2005，86：1679－1693.

[100] Robin E S，Rao A B. A technical，economic，and environmental assessment of amine based CO_2 capture technology for power plant greenhouse gas control [C]. Annual Technical Progress Report，2002.

[101] Kumar K，Dasgupta C N，Nayak B，et al. Development of suitable photobioreactors for CO_2 sequestration addressing global warming using green algae and cyanobacteria [J]. Bioresource Technology，2011，102(8)：4945－4953.

[102] Ramirez-Perez J C，Janes H W. Carbon dioxide sequestration by spirulina platensis in photo-bioreactors [J]. Habitation，2009，12(1)：65－77.

[103] Ho S H，Chen C Y，Lee D J. Perspectives on microalgal CO_2-emission mitigation systems-A review [J]. Biotechnology Advances，2011，29(2)：189－198.

[104] Xiong K，Zhao B，Zhang Y，et al. Bio-fixation of CO_2 from coal-fired power plant by micro-algae chlorella Sp.：effect of biological conditions [J]. Advanced Materials Research，2011，236－238：325－329.

[105] Zhang Y，Zhao B，Xiong K，et al. CO_2 emission reduction from power plant flue gas by micro-algae：a preliminary study [C]. Power and Energy Engineering Conference (APPEEC)，2010 Asia-Pacific，2010.

[106] Brown L M. Uptake of carbon dioxide from flue gas by microalgae [J]. Energy Conversion and Management，1996，37(6－8)：1363－1367.

[107] Rooke J C，Leonard A，Sarmento H，et al. Novel photosynthetic CO_2 bioconvertor based on green algae entrapped in low-sodium silica gels [J]. Journal of Materials Chemistry，2011，21(4)：951－959.

[108] Ganzer B，Messerschmid，Integration of an algal photobioreactor into an

environmental control and life support system of a space station [J]. Acta Astronautica, 2009,65(1-2): 248-261.

[109] Li F F, Yang Z, Zeng R, et al. Microalgae capture of CO_2 from actual flue gas discharged from a combustion chamber [J]. Industrial & Engineering Chemistry Research, 2011,50(10): 6496-6502.

[110] Javanmardian M, Palsson B O. Continuous photoautotrophic cultures of the eukaryotic alga Chlorella vulgaris can exhibit stable oscillatory dynamics [J]. Biotechnology and Bioengineering, 1991,39(5): 487-497.

[111] Xiong W, Gao C, Yan D, et al. Double CO_2 fixation in photosynthesis-fermentation model enhances algal lipid synthesis for biodiesel production [J]. Bioresource Technology, 2010,101(7): 2287-2293.

[112] Yoo C, Jun S, Lee J, et al. Selection of microalgae for lipid production under high levels carbon dioxide [J]. Bioresource Technology, 2010,101(1): 71-74.

[113] Eriksen N T. The technology of microalgal culturing [J]. Biotechnology Letters, 2008,30(9): 1525-1536.

[114] Chiu S, Kao C, Chen C, et al. Reduction of CO_2 by a high-density culture of Chlorella sp. in a semicontinuous photobioreactor [J]. Bioresource Technology, 2008,99(9): 3389-3396.

[115] Mandalam R K, Palsson B O. *Chlorella vulgaris* (*Chlorellaceae*) does not secrete autoinhibition at high cell densities [J]. American Journal of Botany, 1995,82(8): 955-963.

[116] Patino R, Janssen M, Stockar U. A study of the growth for the microalga chlorella vulgaris by photo-bio-calorimetry and other on-line and off-Line techniques [J]. Biotechnology and Bioengineering, 2007,96(4): 757-767.

[117] Ball R, Sceats M G. Separation of carbon dioxide from flue emissions using Endex principles [J]. Fuel, 2010,89(10): 2750-2759.

[118] Doucha J, Straka F, Livansky K. Utilization of flue gas for cultivation of microalgae Chlorella sp. in an outdoor open thin-layer photobioreactor [J].

Journal of Applied Phycology, 2005,17(5): 403-412.

[119] Kadam K. Power plant flue gas as a source of CO_2 for microalgae cultivation: Economic impact of different process options [J]. Energy Conversion and Management, 1997,38: 505-510.

[120] Negoro M, Hamasaki A, Ikuta Y, et al. Carbon dioxide fixation by microalgae photosynthesis using actual flue gas discharged from a boiler [J]. Applied Biotechemistry and Biotechnology, 1995,51-52(1): 681-692.

[121] Sayre R. Microalgae: the potential for carbon capture [J]. Bioscience, 2010, 60(9): 722-727.

[122] Herzog H, Golomb D. Carbon capture and storage from fossil fuel use [J]. Encyclopedia of Energy 1: 1-11.

[123] Schenk P M, Thomas-Hall S R, Stephens E, et al. Second generation biofuels: high-efficiency microalgae for biodiesel production [J]. Bioenergy Research, 2008,1(1): 20-43.

[124] Campbell P K, Beer T, Batten D. Life cycle assessment of biodiesel production from microalgae in ponds [J]. Bioresource and Technology, 2011, 102(1): 50-56.

[125] Stucki S, Vogel F, Ludwig C, et al. Catalytic gasification of algae in supercritical water for biofuel production and carbon capture [J]. Energy & Environmental Science, 2009,2: 535-541.

[126] Luo D, Hu Z, Choi D, et al. Life cycle energy and greenhouse gas emissions for an ethanol production process based on blue-green algae [J]. Environmental Science & Technology, 2010,44(22): 8670-8677.

[127] Mata T M, Martins A A, Caetano N S. Microalgae for biodiesel production and other applications: A review [J]. Renewable and Sustainable Energy Reviews, 2010,14(1): 217-232.

[128] Powell E E, Hill G A. Carbon dioxide neutral, integrated biofuel facility [J]. Energy, 2010,35(12): 4582-4586.

[129] Christaki E, Karatzia M, Florou-Paneri P. The use of algae in animal nutrition (In Greek) [J]. Journal of the Hellenic Veterinary Medical Society, 2010, 61(3): 267 - 276.

[130] Deng X, Li Y, Fei X. Microalgae: A promising feedstock for biodiesel [J]. African Journal of Microbiology Research, 2009,3(13): 1008 - 1014.

[131] Benemann J R. CO_2 mitigation with microalgae systems [J]. Energy Conversion Management, 1997,38(S): 475 - 479.

[132] Hsueh H T, Chu H, Yu S T. A batch study on the bio-fixation of carbon dioxide in the absorbed solution from a chemical wet scrubber by hot spring and marine algae [J]. Chemosphere, 2007,66(5): 878 - 886.

[133] Zeng X, Danquah M K, Chen X D, et al. Microalgae bioengineering: from CO_2 fixation to biofuel production [J]. Renewable and Sustainable Energy Reviews, 2011,15(6): 3252 - 3260.

[134] Chae S R, Hwang E J, Shin H S. Single cell protein production of Euglena gracilis and carbon dioxide fixation in an innovative photo-bioreactor [J]. Bioresource and Technology, 2006,97(2): 322 - 329.

[135] 王竞,周集体,张晶晶,等. 固定CO_2氢细菌的筛选及其培养条件优化[J]. 应用与环境生物学报,2000,6(3): 271 - 275.

[136] Maimaiti J, Zhang Y, Yang J, et al. Isolation and characterization of hydrogen-oxidizing bacteria induced following exposure of soil to hydrogen gas and their impact on plant growth [J]. Environmental Microbiology, 2007, 9 (2): 4335 - 444.

[137] Guo R, Conrad R. Extraction and characterization of soil hydrogenases oxidizing atmospheric hydrogen [J]. Soil Biology and Biochemistry, 2008, 40(5): 1149 - 1154.

[138] Stohr R, Waberski A, Volker H, et al. Hydrogenothermus marinus gen. nov., sp. nov., a novel thermophilic hydrogen-oxidizing bacterium, recognition of Calderobacterium hydrogenophilum as a member of the genus Hydrogenobacter

and proposal of the reclassification of Hydrogenobacter acidophilus as Hydrogenobaculum acidophilum gen. nov., comb. nov., in the phylum 'Hydrogenobacter/Aquifex' [J]. International Journal of Systematic and Evolutionary Microbiology, 2001,51(5): 1853 - 1862.

[139] Bowien B, Schlegel H G. Physiology and biochemistry of aerobic hydrogen-oxidizing bacteria [J]. Annual Review of Microbiology, 1981,35: 405 - 452.

[140] Kawasumi T, Igarashi Y, Kodama T, et al. Hydrogenobacter thermophilus gen. nov., sp. nov., an extremely thermophilic, aerobic, hydrogen-oxidizing bacterium [J]. International Journal of Systematic and Evolutionary Microbiology, 1984,34(1): 5 - 10.

[141] Gerstenberg C, Friedrich B, Schlegel H G. Physical evidence for plasmids in autotrophic, especially hydrogen-oxidizing bacteria [J]. Archives of Microbiology, 1982,133(2): 90 - 96.

[142] Kristjansson J K, Ingason A, Alfredsson G A. Isolation of thermophilic obligately autotrophic hydrogen-oxidizing bacteria, similar to Hydrogenobacter thermophilus, from Icelandic hot springs [J]. Archives of Microbiology, 1985, 140(4): 321 - 325.

[143] 徐岩,石井正治,五十岚泰夫,等. 氢氧化细菌 Hgdrogenovibrio marinus 固定 CO_2 产生生物量的研究[J]. 无锡轻工业大学学报,1996,15(1): 39 - 43.

[144] Kwak K O, Jung S J, Chung S Y, et al. Optimization of culture conditions for CO_2 fixation by a chemoautotrophic microorganism, strain YN-1 using factorial design [J]. Biochemical Engineering Journal, 2006,31(1): 1 - 7.

[145] Bae S, Kwak K, Kim S, et al. Isolation and characterization of CO_2-fixing hydrogen-oxidizing marine bacteria [J]. Journal of Bioscience and Bioengineering, 2001,91(5): 442 - 448.

[146] Tanaka K, Miyawaki K, Yamaguchi A, et al. Cell growth and P(3HB) accumulation from CO_2 of a carbon monoxide-tolerant hydrogen-oxidizing bacterium, Ideonella sp. O-1 [J]. Applied Microbiology and Biotechnology,

2011, 92: 1161 - 1169.

[147] Saini R, Kapoor R, Siddiqi T O, et al. CO_2 utilizing microbes- A comprehensive review [J]. Biotechnology Advances, 2011,29(6): 949 - 960.

[148] Fu B, Wang W, Tang W, et al. Isolation and identification of hydrogen-oxidizing bacteria producing 1 - aminocyclopropane-1 - carboxylate deaminase and the determination of enzymatic activity [J]. Wei Sheng Wu Xue Bao, 2009, 49(3): 395 - 399.

[149] Parameswaran P, Torres C, Lee H, et al. Syntrophic interactions among anode respiring bacteria (ARB) and Non-ARB in a biofilm anode: electron balances [J]. Biotechnology and Bioengineering, 2009,103(3): 513 - 523.

[150] Sievert S M, Hugler M, Taylor C D, et al. Sulfur oxidation at deep-sea hydrothermal vents [J]. Microbial Sulfur Metabolism, 2008.

[151] Sturman P J, Stein O R, Vymazal J, et al. Sulfur Cycling in Constructed Wetlands. Wastewater Treatment, Plant Dynamics and Management in Constructed and Natural Wetlands [M]. 2008.

[152] Frigaard N U, Bryant D A. Genomic and evolutionary perspectives on sulfur metabolism in green sulfur bacteria [J]. Microbial Sulfur Metabolism, 2008, 60 - 76.

[153] Bowatte S, Carran R A, Newton P C D, et al. Does atmospheric CO_2 concentration influence soil nitrifying bacteria and their activity? [J]. Soil Research, 2007, 46(7): 617 - 622.

[154] Blackburne R, Vadivelu V M, Yuan Z, et al. Determination of growth rate and yield of nitrifying bacteria by measuring carbon dioxide uptake rate [J]. Water Environment Research, 2007,79(12): 2437 - 2445.

[155] Morris R A, Smith M J, Stroot P G. Evaluation of nitrifying bacteria specific growth rate sensitivity to carbon dioxide for full-scale activated sludge and municipal wastewater [J]. Proceedings of the Water Environment Federation, 2009,61: 3984 - 3998.

[156] Schneider K, Sher Y, Erez J, et al. Carbon cycling in a zero-discharge mariculture system [J]. Water Research, 2011,45(7): 2375 - 2382.

[157] Hu J J, Wang L, Zhang S P, et al. Matching different inorganic compounds as mixture of electron donors to improve CO_2 fixation by nonphotosynthetic microbial community without hydrogen [J]. Environmental Science & Technology, 2010,44: 6364 - 6370.

[158] 胡佳俊,王磊,李艳丽,等. 非光合 CO_2 同化微生物菌群的选育/优化及其群落结构分析[J]. 环境科学,2009,30(8): 2438 - 2444.

[159] Hu J, Wang L, Zhang S, et al. Optimization of electron donors to improve CO_2 fixation efficiency by a non-photosynthetic microbial community under aerobic condition using statistical experimental design [J]. Bioresource Technology, 2010,101: 7062 - 7067.

[160] Hu J, Wang L, Zhang S, et al. Enhanced CO_2 fixation by a non-photosynthetic microbial community under anaerobic conditions: Optimization of electron donors [J]. Bioresource Technology, 2011,102: 3220 - 3226.

[161] Hu J, Wang L, Zhang S, et al. Inhibitory effect of organic carbon on CO_2 fixing by non-photosynthetic microbial community isolated from the ocean [J]. Bioresource Technology, 2011,102(4): 7147 - 7153.

[162] Wielopolski L, Chatterjee A, Mitra S, et al. *In situ* determination of soil carbon pool by inelastic neutron scattering: Comparison with dry combustion [J]. Geoderma, 2011,160(3 - 4): 394 - 399.

[163] Evans C D, Reynolds B, Jenkins A, et al. Evidence that soil carbon pool determines susceptibility of semi-natural ecosystems to elevated nitrogen leaching [J]. Ecosystems, 2006,9(3): 453 - 462.

[164] Allison S D, Wallenstein M D, Bradford M A, Soil-carbon response to warming dependent on microbial physiology [J]. Nature Geoscience, 2010,3: 336 - 340.

[165] Yadava P S. CO_2 sequestration technologies for clean energy awareness and capacity building [J]. Daya Publishing House, 2010: 163 - 170.

[166] 陈泮勤. 地球系统碳循环[M]. 北京：科学出版社，2004.

[167] Mullen R W, Thomason W E, Raun W R. Estimated increase in atmospheric carbon dioxide due to worldwide decrease in soil organic matter [J]. Communications in Soil Science and Plant Analysis, 1999, 30: 1713 - 1719.

[168] Jastrow J D, Miller R M, Matamala R, et al. Elevated atmospheric carbon dioxide increases soil carbon [J]. Global Change Biology, 2005, 11(12): 2057 - 2064.

[169] Johnston A W, Poulton P R, Coleman K, Chapter 1 Soil organic matter: its importance in sustainable agriculture and carbon dioxide fluxes [J]. Advances in Agronomy, 2009, 101: 1 - 57.

[170] Quere C L, Raupach M R, Canadell J G, et al. Trends in the sources and sinks of carbon dioxide [J]. Nature Geoscience, 2009, 2: 831 - 836.

[171] Sainju U M, Stevens W B, Caesar-TonThat T, et al. Land use and management practices impact on plant biomass carbon and soil carbon dioxide emission [J]. Soil Science Society of America Journal, 2010, 74 (5): 1613 - 1522.

[172] Santruckova H, Bird M I, Elhottova D, et al. Heterotrophic fixation of CO_2 in soil [J]. Microbial Ecology, 2005, 49(2): 218 - 225.

[173] Hassan S H A, Ginkel S W, Kim S, et al. Isolation and characterization of Acidithiobacillus caldus from a sulfur-oxidizing bacterial biosensor and its role in detection of toxic chemicals [J]. Journal of Microbiological Methods, 2010, 82 (2): 151 - 155.

[174] Syed M, Soreanu G, Falletta P, et al. Removal of hydrogen sulfide from gas streams using biological processes — A review [J]. Canadian Biosystems Engineering, 2006, 48(1 - 2): 14.

[175] 郑士民，颜望明，钱新民. 自养微生物[M]. 北京：科学出版社，1983.

[176] Miltner A, Richnow H H, Kopinke F D, et al. Assimilation of CO_2 by soil microorganisms and transformation into soil organic matter [J]. Organic

Geochemistry, 2004,35: 1015 - 1024.

[177] Mazmanian S K, Round J L, Kasper D L. A microbial symbiosis factor prevents intestinal inflammatory disease [J]. Nature, 2008,453: 620 - 625.

[178] Grzymski J J, Murray A E, Campbell B J, et al. Metagenome analysis of an extreme microbial symbiosis reveals eurythermal adaptation and metabolic flexibility [J]. Proceedings of the National Academy of Sciences of the United States of America, 2008,105(45): 17516 - 17521.

[179] Gallo R L, Nakatsuji T. Microbial symbiosis with the innate immune defense system of the skin [J]. Journal of Investigative Dermatology, 2011,131: 1974 - 1980.

[180] Walter J, Britton R A, Roos S. Host-microbial symbiosis in the vertebrate gastrointestinal tract and the Lactobacillus reuteri paradigm [J]. Proceedings of the National Academy of Sciences of the United States of America, 2011,108 (S): 4645 - 4652.

[181] Kitano H, Oda K. Robustness trade-offs and host-microbial symbiosis in the immune system [J]. Molecular Systems Biology, 2006,2: 1 - 9.

[182] Dattagupta S, Schaperdoth I, Montanari A. A novel symbiosis between chemoautotrophic bacteria and a freshwater cave amphipod [J]. The ISME Journal, 2009,3: 935 - 943.

[183] Monika B, Olav G. Microbial symbiosis in Annelida [J]. Symbiosis, 2005, 38(1): 1 - 45.

[184] Young G. Symbiosis: The bacteria diet [J]. Nature Reviews Microbiology, 2008,6: 174 - 175.

[185] Rithie K B. Bacterial Symbionts of Corals and Symbiodinium [J]. Benificial Microorganisms in Mullticellular Life Forms, 2011: 139 - 150.

[186] Handelsman J, Mc-Fall-Ngai M J. Microbial symbiosis: in sickness and in health [J]. DNA and Cell Biology, 2009,28(8): 359 - 360.

[187] Karley A J, James F White, Jr & Monica S Torres, Defensive mutualism in

microbial symbiosis [J]. Symbiosis, 2010,51(3): 257 - 258.

[188] Felbeck H, Liebezeit G, Dawson R, et al. CO_2 fixation in tissues of marine oligochaetes (Phallodrilus leukodermatus and P. planus) containing symbiotic, chemoautotrophic bacteria [J]. Marine Biology, 1983,75(2 - 3): 187 - 191.

[189] Fisher C R, Childress J J. Translocation of fixed carbon from symbiotic bacteria to host tissues in the gutless bivalve Solemya reidi [J]. Marine Biology, 1986, 93(1): 59 - 68.

[190] Schiemer F, Novak R, Ott J. Metabolic studies on thiobiotic free-living nematodes and their symbiotic microorganisms [J]. Marine Biology, 1990, 106(1): 129 - 137.

[191] Steinberg N A, Meeks J C. Photosynthetic CO_2 fixation and ribulose bisphosphate carboxylase/oxygenase activity of Nostoc sp. strain UCD 7801 in symbiotic association with Anthoceros punctatus [J]. Journal of Bacteriology, 1989,171(11): 6227 - 6233.

[192] 武满满,孙佩哲,胡佳俊,等.混合电子供体对好氧非光合微生物菌群固碳效率影响的析因实验分析[J].环境科学学报,2011,31(6): 1220 - 1226.

[193] Cavanaugh C M. Symbiotic chemoautotrophic bacteria in marine invertebrates from sulphide-rich habitats [J]. Nature, 1983,302: 58 - 61.

[194] Belkin S, Nelson D C, Jannasch H W. Symbiotic assimilation of CO_2 in two hydrothermal vent animals, the mussel Bathymodiolus Thermophilus and the tube worm Riftia Pachyptila [J]. Biological Bulletin, 1986,170: 110 - 121.

[195] Mclnerney M J, Sieber J R, Gunsalus R P. Syntrophy in anaerobic global carbon cycles [J]. Current Opinion in Biotechnology, 2009,20: 623 - 632.

[196] McInerney M J, Struchtemeyer C G, Sieber J, et al. Physiology, ecology, phylogeny, and genomics of microorganisms capable of syntrophic metabolism. Incredible Anaerobes From Physiology to Genomics to Fuels [J]. Annals of the New York Academy of Sciences, 2008,1125: 58 - 72.

[197] Arnon D I, Mitsui A, Paneque A. Photoreduction of hydrogen gas coupled with

photosynthetic phosphorylation [J]. Science, 1961, 134: 1425.

[198] Labrenz M, Jost G, Pohl C, et al. Impact of different in vitro electron donor/acceptor conditions on potential chemolithoautotrophic communities from marine pelagic redoxclines [J]. Applied and Environmental Microbiology, 2005, 71: 6664 - 6672.

[199] Ingvorsen K, Zeikus J G, Brock T D. Dynamics of bacterial sulfate reduction in a eutrophic lake [J]. Applied and Environmental Microbiology, 1981, 42: 1029 - 1036.

[200] Lauterbach L, Liu J, Horch M, et al. The Hydrogenase subcomplex of the NAD^+-Reducing [NiFe] hydrogenase from *Ralstonia eutropha* — Insights into catalysis and redox interconversions [J]. European Journal of Inorganic Chemistry, 2011: 1067 - 1079.

[201] 胡佳俊. 非光合 CO_2 同化微生物菌群的选育/优化及其群落结构分析[D]. 上海: 华东理工大学, 2009.

[202] Worthington A G, Jeffner J. Treatment of Experimental Data [M]. New York: Wiley and Sons, 1943.

[203] Jannasch H W. The microbial turnover of carbon in the deep-sea environment [J]. Global and Planetary Change, 1994, 9: 289 - 295.

[204] Tan Y, Croiset E, Douglas M A, et al. Combustion characteristics of coal in a mixture of oxygen and recycled flue gas [J]. Fuel, 2006, 85: 507 - 512.

[205] Lackner K S. A guide to CO_2 sequestration [J]. Science, 2003, 300: 1677 - 1678.

[206] Sugio T, Katagiri T, Moriyama M, et al. Existence of a new type of sulfite oxidase which utilizes ferric irons as an electron acceptor in Thiobacillus ferrooxidans [J]. Applied and Environmental Microbiology, 1988, 54: 153 - 157.

[207] Thuan T H, Jahng D J, Jung J Y, et al. Anammox bacteris enrichment in upflow anaerobic sludge blanket (UASB) reactor [J]. Biotechnology and

Bioprocess Engineering, 2004, 9: 345 - 351.

[208] Ettema T J G, Andersson S G E. Comment on "A 3 - hydroxypropionate/4 - hydroxybutyrate autotrophic carbon dioxide assimilation pathway in archaea" [J]. Science, 2008, 321: 342b.

[209] D'Imperio S, Lehr C R, Oduro H, et al. Relative importance of H_2 and H_2S as energy sources for primary production in geothermal springs [J]. Applied and Environmental Microbiology, 2008, 74: 5802 - 5808.

[210] Baalsrud K, Baalsrud K S. Studies on Thiobacillus denitrificans [J]. Archives of Microbiology, 1954, 20: 34 - 62.

[211] 张士萍. 碳水化合物生物质水热产乳酸基础研究[D]. 上海: 同济大学, 2011.

[212] Zhang S P, Jin F M, Zeng X, et al. Tsuchiya N., Effects of general zero-valent metals power of Co/W/Ni/Fe on hydrogen production with H_2S as a reductant under hydrothermal conditions [J]. International Journal of Hydrogen Energy, 2011, 36: 8878 - 8884.

[213] Vaiopoulou E, Melidis P, Aivasidis A. Sulfide removal in wastewater from petrochemical industries by autotrophic denitrification [J]. Water Research, 2005, 39: 4101 - 4109.

[214] Nishihara H, Igarashi Y, Kodama T, et al. Production and properties of glycogen in the marine obligate chemolithoautotroph, Hydrogenovibrio marinus [J]. Journal of Fermentation and Bioengineering, 1993, 75: 414 - 416.

[215] Nealson K H, Saffarini D. Iron and manganese in anaerobic respiration-environmental significance, physiology, and regulation [J]. Annual Review of Microbiology, 1994, 48: 311 - 343.

[216] Garrity G M. Bergey's Manual of Systematic Bacteriology [J]. Williams & Wilkins: Baltimore, 2005.

[217] Rohrbach A, Schmidt M W. Redox freezing and melting in the Earth's deep mantle resulting from carbon-iron redox coupling [J]. Nature, 2011, 472: 209 - 212.

[218] Lal R. Soil carbon sequestration impacts on global climate change and food security [J]. Science, 2004,304: 1623.

[219] Tabita R, Lundgren D G. Utilization of glucose and the effect of organic compounds on the chemolithotroph Thiobacillus ferrooxidans [J]. Journal of Bacteriology, 1971,108: 328 - 333.

[220] Chu C P, Lee D J, Chang B V, et al. Using ATP bioluminescence technique for monitoring microbial activity in sludge [J]. Biotechnology and Bioengineering, 2001,75: 469 - 474.

[221] Silver M, Margalith P, Lundgren D G. Effect of glucose on carbon dioxide assimilation and substrate oxidation by Ferrobacillus ferrooxidans [J]. Journal of Bacteriology, 1967,93: 1765 - 1769.

[222] Rittenberg S C. The roles of exogenous organic matter in the physiology of chemolithotrophic bacteria [J]. Advances in Microbial Physiology, 1969, 3: 159 - 196.

[223] Butler R G, Umbreit W W. Absorption and utilization of organic matter by the strict autotroph, Thiobacillus thiooxidans, with special reference to aspartic acid [J]. Journal of Bacteriology, 1966,91: 661 - 666.

[224] Moore E C, Cohen S S. Effects of arabinonucleotides on ribonucleotide reduction by an enzyme system from rat tumor [J]. Journal of Biological Chemistry, 1967,242: 2116 - 2118.

后 记

历经三个寒暑，终于迎来博士毕业，在这一过程中，我最想感谢的是我的导师王磊教授，是您培养了我独立、严谨、求实的科研态度，您的悉心指导和谆谆教诲使我受益匪浅，我所取得的每一点成绩都凝聚着您的心血。在研究工作中，您始终是我最坚强的后盾，您的全力支持激励我奋勇向前。也正是在这一过程中您让我体会到科研工作的独特魅力。能作为您的学生我深感荣幸。衷心感谢您对于我的培养！

感谢乐毅全老师和付小花老师在课题研究和日常生活上给予我的耐心指导和帮助。

感谢我的硕士导师徐殿胜教授，您在为人处世上的谆谆教诲使我至今获益匪浅，而且在毕业后，您仍不忘对我的照顾和帮助。我由衷地感激徐教授。

感谢于建国教授，您在处事和学术上的风格给我留下了极其深刻的印象，感谢您在研究工作上给予我的指导。

感谢费立诚老师给予我如家人般的照顾，正是在您的指引下，我才能一步步地提高，在此向您表示衷心感谢！

感谢金放鸣教授、曹江林老师、吕六平老师、陆兵老师、李会容老师、王士芬老师、袁园教授、孙雅洁老师、肖乾芬老师、李明利老师、刘海玲老师在我学习及研究工作中给予过的指导和帮助。

感谢李梦南师兄在课题研究和日常生活中给予的指导和帮助。感谢张文佺、贾入文、彭晓佳、陈金海、胡煜师弟的帮助。感谢王红丽、席雪飞、胡颖慧、武满满、张艳楠、单伊娜、李凡、王磊的帮助。感谢孙佩哲、李军的帮助。感谢课题组所有同学在日常研究工作中给予的支持。

感谢王元庆、姚国栋、刘维、王凤文、刘建苛、钟恒、李秋菊、田颖、黄建科、沈旭在研究工作中给予的大力支持和帮助。

感谢环境工程专业09级博士班的所有同学。

感谢于建国老师、费立诚老师、徐殿胜老师、赵由才老师、陈绍伟老师、李咏梅老师、刘少伟老师在百忙之中评阅我的论文并参加我的答辩。

感谢我的家人，你们一直默默无私地帮助我，你们是我最坚强的后盾，感谢你们给予我的无私帮助！

感谢国家863主题项目（2012AA050101）、国家自然科学基金项目（21177093）、国家科技部重大攻关项目（2010BAK69B13）、上海市科委重大攻关项目（10dz1200903）对本课题的资助。

胡佳俊